高效用 DeepSeek
职场逆袭的实战指南

李艮基　曹方咏峥　肖灵儿◎编著

人民邮电出版社

北京

图书在版编目（CIP）数据

高效用 DeepSeek：职场逆袭的实战指南 / 李艮基，曹方咏峥，肖灵儿编著. -- 北京：人民邮电出版社，2025. -- ISBN 978-7-115-66716-8

Ⅰ．TP18

中国国家版本馆 CIP 数据核字第 2025X6G018 号

内 容 提 要

本书以 DeepSeek 应用为基础，讲解了 DeepSeek 在自媒体、咨询、营销、教育、翻译、职场、编程等多个领域的应用。书中通过丰富的案例和详细的指导，展示了 DeepSeek 如何帮助自媒体人打造"爆款"内容，如何为咨询提供高效决策支持，如何在营销中实现流量裂变，如何重塑未来学习范式，以及如何助力职场人和企业实现业务增效等。

本书内容通俗易懂，案例丰富，无论是 AI（Artificial Intelligence，人工智能）领域的从业者，还是希望借助 AI 提升工作效率的职场人士、企业管理者、教育工作者等，或还是对 AI 技术感兴趣的普通用户，都能从本书中获得帮助。

◆ 编　著　李艮基　曹方咏峥　肖灵儿
　　责任编辑　张　涛
　　责任印制　王　郁　焦志炜
◆ 人民邮电出版社出版发行　北京市丰台区成寿寺路11号
　　邮编　100164　电子邮件　315@ptpress.com.cn
　　网址　https://www.ptpress.com.cn
　　三河市中晟雅豪印务有限公司印刷
◆ 开本：880×1230　1/32
　　印张：6.25　　　　　　　　2025年4月第1版
　　字数：147千字　　　　　　2025年4月河北第1次印刷

定价：59.80 元

读者服务热线：(010)81055410　印装质量热线：(010)81055316
反盗版热线：(010)81055315

推荐序

本书以 DeepSeek 为灵感引擎,从自媒体创作到视频文案生成,从助力高效营销到助力职场人提高工作效率,全方位展现了 DeepSeek 在不同领域的强大赋能作用。DeepSeek 不仅是一个技术工具,更是一位智慧伙伴,帮助用户突破限制,释放潜力,开启高效、创新的工作与创作之旅。翻开此书,读者不仅是在学习技术知识,更是解锁人类与机器协同的智慧密码,使机器成为提升创造力和效率的强大工具,从而开启人机协作的无限可能。

——像素绽放 PixelBloom 创始人兼 CEO　赵充

本书内容翔实,涵盖多元应用场景,紧密贴合实践需求。对于渴望借助 AI 激发创意潜能、提升工作效率的读者来说,这不仅是一本极具实用价值的操作指南,更是一把开启智能工作新模式的金钥匙。

——武汉大学数据新闻研究中心主任兼副教授、
"爱图表"创始人　王琼

本书专为 AI 爱好者和创意工作者量身定制,是一部极具实用价值的操作指南,通过大量案例和详细的操作步骤,深入浅出地讲解了 DeepSeek 的应用技巧,是所有希望借助 AI 提升工作效率的读者的参考书。

——厦门大学信息学院教授、中国人工智能学会中小学工作委员会委员、AI 技术赋能师　赖永炫在 AI 技术赋能各行各业的当下，本书是 DeepSeek 落地实践的指南。书中介绍了 DeepSeek 在多样化场景中的应用，详细地讲解了 DeepSeek 在自媒体创作、日常办公、市场营销等领域应用中所起的重要作用。通过丰富的实战案例与翔实的操作解析，本书为读者提供了极具实用性的指导，助力其全面提升工作效率，在智能化浪潮中抢占先机。

—— 中国人民大学高瓴人工智能学院教授　赵鑫

前 言

在当今这个科技飞速发展的时代，人工智能（AI，Artificial Intelligence）正以前所未有的速度渗透我们的生活和工作的方方面面，从日常的交流互动到复杂的工作任务处理，AI 的身影无处不在。它像一股强劲的浪潮，推动着社会不断向前发展，也为我们每一个人带来了前所未有的机遇。

本书通过讲解 DeepSeek 的应用实战，深入探讨了这一先进 AI 技术在各个领域的广泛应用和巨大潜力。DeepSeek 不仅是一个技术名词，更代表着一种全新的生产力和创造力的释放，有望重塑我们的工作和生活方式。

在书中，我们首先带领读者了解 DeepSeek 如何在开源的道路上打破传统 AI 市场的格局，为个人和企业带来新的发展机遇。我们剖析了 DeepSeek 的技术，揭示它如何颠覆传统的 AI 训练范式，从而实现全场景的落地应用。无论是内容创作、编程赋能，还是企业知识库的智能问答引擎搭建，DeepSeek 都展现出了强大的实力和独特的价值。

对于普通用户而言，DeepSeek 是一款极易上手的工具。书中详细介绍了 DeepSeek 的安装部署与高效调用方法，即使您没有编程基础，也能轻松开启 DeepSeek 的应用之旅。同时，本书还介绍了如何通过提问的艺术，解锁 DeepSeek 精准回答的能力，让其更好地满足用户的个性化需求。

在自媒体、咨询、营销、教育、翻译、职场、编程及企业业务等多个领域，DeepSeek 都有着广泛的应用前景。当读者翻开这本书时，不仅是在学习一个工具，更是在获取定义未来的元能力。让我们一同踏上这场由 DeepSeek 引领的智能增效之旅，探索 AI 的无限可能，开启属于我们的智能新时代。

无论您是 AI 领域的从业者，还是希望借助 AI 提升工作效率的职场人士、企业管理者、教育工作者等，或是对 AI 技术感兴趣的普通用户，都能从本书中获益。

编者

目 录

第 1 章 DeepSeek 已来 / 001

1.1 AI 浪潮：抓住下一个黄金机遇期 / 001
1.2 开源破局：DeepSeek 颠覆 AI 市场 / 003
1.3 AI 重塑个人创造力边界 / 004
1.4 失业危机还是职业革命？AI 时代的生存法则 / 005

第 2 章 DeepSeek 技术解码：全场景落地指南 / 007

2.1 技术基因：DeepSeek 颠覆传统 AI 训练范式 / 007
2.2 场景革命：从文案到代码的 DeepSeek 实战指南 / 008
    2.2.1 内容创作：AI 成为你的超级"笔杆子" / 008
    2.2.2 编程赋能：代码生成与效率跃迁的终极解法 / 008
    2.2.3 RAG 实战：企业知识库的智能问答引擎搭建 / 008
2.3 术语速通：吃透 DeepSeek 核心术语 / 008
2.4 DeepSeek 从部署到调优的避坑攻略 / 010

第 3 章 零门槛入门：DeepSeek 安装部署与高效调用 / 012

3.1 开启你的 DeepSeek 初体验 / 012
3.2 DeepSeek API 入门 / 016

3.3　DeepSeek API 调用示例 / 018
3.4　本地部署 DeepSeek：打造你的私有 AI 生产力引擎 / 021
　　3.4.1　DeepSeek 不同版本模型概述 / 022
　　3.4.2　DeepSeek 部署方式 / 023

第 4 章　提问的艺术：DeepSeek 助力精准回答 / 027

4.1　能力解码：DeepSeek 能听懂你的潜台词 / 028
4.2　提问密码：用精准问题撬动 DeepSeek 高质量回答 / 029
　　4.2.1　如何更好地向 DeepSeek 提问 / 029
　　4.2.2　无效的提示词 / 031
　　4.2.3　有效的提示词 / 032
4.3　指令魔法：让 DeepSeek 秒懂你的需求 / 033
4.4　身份扮演术：让 DeepSeek 化身你的专属智囊团 / 033
4.5　答案调优术：让 DeepSeek 的回答从"还行"到"完美" / 037
　　4.5.1　敢于对 DeepSeek 说"No"：让 DeepSeek 快速修正错误 / 037
　　4.5.2　反馈炼金术：用评价按钮让 DeepSeek 给出完美答案 / 039

第 5 章　自媒体增效法则：DeepSeek 爆款内容生产全链路指南 / 040

5.1　小红书破圈术：DeepSeek 助你打造千万级"种草"笔记 / 040

5.2 短视频爆火公式：从脚本到成片的 DeepSeek 增效
攻略 / 043

    5.2.1 短视频脚本炼金术：吸引观众的流量密码 / 043

    5.2.2 一键成片：剪映 +DeepSeek 的图文转视频高效
方法 / 053

5.3 直播话术引擎：DeepSeek 帮你复制带货主播的
成交力 / 054

5.4 公众号：DeepSeek 助力写作"爆款软文" / 059

第 6 章 智能咨询：DeepSeek 赋能下的高效决策 / 064

6.1 职业规划：DeepSeek 助力从海投无果到精准
定位 / 064

6.2 IT 技术咨询：从代码到系统的 DeepSeek 智能设计
指南 / 066

6.3 家庭教育突围：DeepSeek 助力破解"作业
依赖症" / 070

6.4 心灵解码：DeepSeek 助力心理咨询 / 080

6.5 法盾行动：DeepSeek 助力劳动权益保卫战 / 082

第 7 章 智能营销革命：DeepSeek 驱动的流量裂变
方程式 / 089

7.1 IP 运营实战：DeepSeek 的留客法则 / 089

7.2 DeepSeek 的公众号"爆款软文"生产流水线 / 090

7.3 "种草"经济解码：DeepSeek 的小红书爆款笔记
"炼金术" / 093

7.4 流量引爆器：DeepSeek 短视频脚本的吸睛之力 / 094

7.5 商业数据分析：DeepSeek 驱动精准营销决策 / 097

第 8 章　增效教育：DeepSeek 重塑未来学习范式 / 102

8.1 DeepSeek 助力深度阅读：从快餐式阅读到知识内化的蜕变 / 102

8.2 DeepSeek 助力在线测试：智能评估与个性化反馈 / 106

8.3 生成题库：利用 DeepSeek 生成个性化测试题 / 110

8.4 在线辅导：你的学习力正被 DeepSeek 重新定义 / 115

8.5 制订学习计划：DeepSeek 推荐个性化学习方案 / 119

第 9 章　增效翻译：DeepSeek 让沟通飞越语言藩篱 / 125

9.1 精准翻译：DeepSeek 准确理解语境 / 125

9.2 多语种翻译：DeepSeek 一键生成全球市场适配的多语种方案 / 129

9.3 在线私教：DeepSeek 重塑沉浸式口语学习 / 134

第 10 章　职场增效诀窍：职场人必知的 DeepSeek 提效法则 / 140

10.1 邮件焦虑终结者：DeepSeek 智能撰写专业邮件 / 140

10.2 表格处理革命：DeepSeek 极速处理 Excel 表格 / 143

10.3 "智造" PPT：打造优秀演示大纲和内容 / 148

10.4 会议纪要秒整理：DeepSeek 精准提炼录音稿 / 152

10.5 活动方案制造机：用 DeepSeek 启发你的创意 / 154

第 11 章　编程增效术：DeepSeek 助力高效编程 / 157

- 11.1　代码生成：快速输出完整函数 / 157
- 11.2　代码优化：从 bug 定位到代码重构的全自动方案 / 158
- 11.3　多语言代码转换：轻松实现跨平台应用 / 160
- 11.4　项目全栈开发：DeepSeek 从 0 到 1 驱动项目实战 / 162
  - 11.4.1　DeepSeek 一键生成项目框架 / 162
  - 11.4.2　DeepSeek 助力架构设计 / 164
  - 11.4.3　DeepSeek 帮助制订详细开发计划 / 168
  - 11.4.4　项目分解与模块划分：DeepSeek 促进高内聚低耦合的工程化实践 / 171
  - 11.4.5　DeepSeek 助力自动化测试用例生成 / 173

第 12 章　DeepSeek 增效企业业务 / 177

- 12.1　将 DeepSeek 应用于智能客服 / 177
  - 12.1.1　零售行业中的智能客服 / 177
  - 12.1.2　金融行业中的智能客服 / 178
  - 12.1.3　医疗行业中的智能客服 / 178
  - 12.1.4　教育行业中的智能客服 / 178
- 12.2　DeepSeek 应用于智能家居 / 179
  - 12.2.1　智能照明与环境控制 / 179
  - 12.2.2　智能安防与监控 / 180
  - 12.2.3　智能家电与娱乐 / 180
- 12.3　DeepSeek 应用于智能制造 / 181
  - 12.3.1　预测性维护 / 181
  - 12.3.2　质量控制 / 181

12.3.3　供应链优化　/ 182

　　　12.3.4　智能生产调度　/ 182

12.4　智能运输　/ 182

　　　12.4.1　智能交通管理与优化　/ 182

　　　12.4.2　自动驾驶与无人配送　/ 183

　　　12.4.3　智能物流与供应链管理　/ 183

12.5　零售行为预测　/ 183

　　　12.5.1　销售预测与库存管理　/ 184

　　　12.5.2　个性化营销策略　/ 184

　　　12.5.3　客户流失预测　/ 184

　　　12.5.4　价格优化　/ 184

　　　12.5.5　退货预测　/ 185

12.6　优化医疗服务　/ 185

　　　12.6.1　智能诊断与治疗方案推荐　/ 185

　　　12.6.2　医学影像分析　/ 185

　　　12.6.3　患者管理与健康监测　/ 186

第 1 章
DeepSeek 已来

  DeepSeek 自 2023 年成立以来，迅速在 AI 领域崭露头角。其发布的 DeepSeek-R1 模型（简称 R1 模型）不仅在性能上追平了行业中领先的模型，还以极低的训练成本和完全开源的模式降低了传统 AI 技术的门槛。这种低成本、高效率的模式极大地推动了 AI 技术的普及和应用，让更多的开发者和企业能够轻松地使用先进的 AI 技术。

  DeepSeek 不仅改变了人们对 AI 技术的认知，更重塑了全球 AI 产业的竞争格局。DeepSeek 以开源的方式，为全球开发者提供了一个低成本、高效率的人工智能开发平台，促进了全球人工智能技术的共享与发展。

1.1 AI 浪潮：抓住下一个黄金机遇期

  2022 年，OpenAI 推出的聊天机器人 ChatGPT 如同一股旋风，迅速席卷全球，引发了 AI 领域的热潮。其发布后短短数日，用户数量便突破了百万大关。ChatGPT 所带来的自然流畅的对话体验、强大的语言理解能力，让人们看到了 AI 技术从科幻走向现实的希望。

时间的齿轮转到 2025 年，AI 领域的焦点开始转移，DeepSeek 横空出世，成为新的关注中心。尤其是 1 月发布的 DeepSeek-R1 模型，更是凭借其卓越的性能和广泛的应用前景，吸引了全球的目光。该模型在语言理解、文本生成等多方面展现了惊人的能力，为 AI 应用开辟了新的道路。

与此同时，AI 技术正以一种势不可挡的姿态融入我们日常使用的各种工具中，为它们赋予了全新的智能功能，例如，办公软件也纷纷搭载了 AI 助手，从文档撰写、数据分析到日程安排，都能为用户提供智能化的支持，让人们的办公变得更加高效与便捷；编程工具也不再仅仅是代码的编写助手，它们能够根据用户的需求自动生成代码片段，甚至对现有代码进行优化，提升编程人员的开发效率和代码质量；设计工具更是插上了 AI 的翅膀，能够智能生成海报、界面、Logo 等设计元素，为设计师提供创意灵感；媒体工具不再只是简单的信息传播载体，在 AI 的加持下，它们集成了扩写、改写等功能，能够帮助创作者快速生成高质量的内容。这些工具与 AI 的深度融合（见图 1-1），不仅改变了我们的工作方式，更创造了新的职业机会。AI 训练师、AI 内容创作专家等新兴职业应运而生，为就业市场注入了新的活力。这些新兴职业的出现，标志着 AI 技术正在从研发阶段走向应用阶段，从技术驱动走向需求驱动。

在这个 AI 浪潮汹涌澎湃的时代，我们站在一个新的黄金机遇期的起点上。每一次技术革命都会重塑行业的格局，带来新的发展机会。曾经，移动互联网的兴起造就了无数的传奇，而如今，AI 技术正以其强大的渗透力和变革力，开启一个新的时代篇章。我们应当敏锐地捕捉这一趋势，积极投身于 AI 的学习与应用中，无论是个人的职业发展还是企业的转型升级，都能在这股浪潮中找到属于自己的方向，实现跨越式的发展。

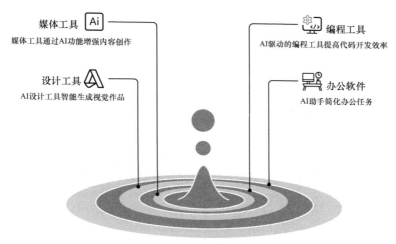

图 1-1 工具与 AI 的深度融合

1.2 开源破局：DeepSeek 颠覆 AI 市场

2024 年 1 月 20 日，DeepSeek 发布了 R1 模型，该模型的性能已经与 OpenAI 的 o1 模型不相上下。OpenAI 的 o1 模型不公开源代码和原理，用户只能在 OpenAI 的限制下使用，而 DeepSeek 的 R1 模型完全开源，其团队还同步发布了技术论文。因此，DeepSeek 在全球 AI 社区掀起了波澜，并脱颖而出。DeepSeek 的成功战略如图 1-2 所示。

对开发团队来说，DeepSeek 提供的开源模型不仅免费，而且在开发成本上显著低于 OpenAI 的同类产品，并且可以根据实际需求进行二次开发。对科研团队来说，DeepSeek 发布的技术论文使全球研究人员能够复现其技术并探索 AI 智能的涌现现象，进一步推动了 AI 技术的进步。

随着 R1 模型的发布，DeepSeek 的 API 定价也进一步降低，这使 DeepSeek 的产品能够在全球范围内迅速取得市场份额，且备受中小型技术开发团队的喜爱。

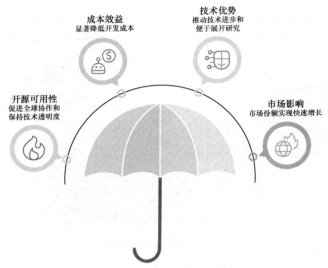

图 1-2 DeepSeek 的成功战略

1.3 AI 重塑个人创造力边界

在当今数字化飞速发展的时代，人工智能的蓬勃兴起正在深刻地改变着我们工作、学习与创造的方式，为个人创造力的释放与拓展开辟了前所未有的广阔天地。以 DeepSeek 为代表的先进 AI 模型，正在成为许多人手中的得力工具。

在文字创作领域，DeepSeek 展现出了强大的助力作用。对于内容创作者而言，它犹如一位智慧的助手，能够帮助他们快速构思情节、拓展故事线、丰富人物设定，甚至在遇到创作瓶颈时提供灵感启发。内容创作者只需输入简单的主题或关键词，DeepSeek 便能快速生成连贯且富有创意的文本段落。

在编程开发方面，DeepSeek 同样发挥着重要作用。对于程序员来说，编写代码是一项既需要逻辑思维又耗费时间的任务。借助 DeepSeek 的智能提示功能，开发者可以在编写代码的过程中获得实时的语法建议、算法优化方案以及代码片段生成等帮助。这不仅减少了因语法错误或逻辑不当导致的时间浪费,还能够引导开发者学习到更高效、更优雅的编程方式,从而提升整体的开发效率和代码质量,使他们能够将更多的精力投入到复杂问题的解决和创新功能的设计中。

在设计领域,DeepSeek 也为设计师们带来了全新的创作体验。通过与设计软件的集成,它能够根据用户输入的设计主题、风格偏好等信息,智能生成多种设计草图、布局方案以及色彩搭配建议。设计师们可以在此基础上进行进一步的修改和完善,从而更快地找到理想的创意方向,提高设计效率,并激发出更多新颖独特的设计灵感。

此外,DeepSeek 在艺术创作、教育、科研等多个领域也展现出了巨大的潜力。它能够辅助艺术家进行音乐创作、绘画构思,为教育工作者提供个性化的教学方案设计,帮助科研人员快速梳理文献资料、分析数据并提出研究假设。可以说,它正在全方位地重塑个人创造力的边界,让每一个普通人都能够拥有超越以往的创作能力,实现从"单打独斗"到"人机协作"的创造性转变,如图 1-3 所示。

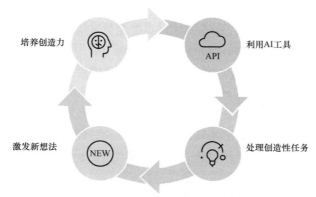

图 1-3 实现从"单打独斗"到"人机协作"的创造性转变

1.4 失业危机还是职业革命? AI时代的生存法则

随着各种 AI 工具如雨后春笋般不断涌现,传统的工作模式正面临着前所未有的挑战与变革。许多人内心开始泛起焦虑的涟漪，他们不禁担忧：DeepSeek 等 AI 技术是否会成为夺取他们饭碗的"罪魁祸首"？这一问题如同一块沉重的石头，压在每一个职场人的心头。

从现实情况来看，这种担忧并非毫无根据。我们不得不承认，AI 技术的飞速发展确实对许多传统职业产生了巨大的冲击。在一些重复性高、规则明确的工作领域，AI 已经展现出了超越人类的能力和效率。例如，在数据录入、文件整理、基础客服等岗位上，AI 工具能够快速准确地完成任务，而且不知疲倦、不会出错。这使得一些从事简单重复劳动的工作者面临失业的风险。

然而，我们也不能仅仅将目光停留在 AI 取代部分工作的表面现象上，而要深入洞察这一技术变革背后所蕴藏的新机遇。每一次工业革命都会淘汰一些过时的职业，同时催生出一系列新兴的职业。在 AI 浪潮汹涌而来的当下，虽然某些传统岗位可能会逐渐减少，但与此同时，大量与 AI 技术研发、应用、维护等相关的新岗位应运而生。

对于个人而言，在 AI 时代谋求生存与发展，关键在于主动求变，积极拥抱新事物，培养与提升自身的复合型能力。一方面，要深入学习 AI 相关知识与技能，了解其工作原理、应用场景以及局限性，从而能够合理地利用 AI 工具为自己的工作赋能，提高工作效率与质量。另一方面，要注重培养那些 AI 短期内难以企及的软技能，如创造力、情感共鸣、复杂的人际交往能力，这些独特的人类能力将在未来的工作场景中越发凸显其价值，成为我们在人机协作时代的核心竞争力。

只有在拥抱技术变革的同时，不断重塑自我，将自身优势与 AI 的强大能力相结合，我们才能在这场职业革命的浪潮中乘风破浪，将 AI 视为助力职业发展的得力伙伴，而非带来失业危机的洪水猛兽。

第 2 章
DeepSeek 技术解码：全场景落地指南

DeepSeek（杭州深度求索人工智能基础技术研究有限公司）是一家于 2023 年成立的创新型科技企业，孵化自知名的私募股权公司幻方量化。公司专注于开发先进的大语言模型及相关技术，致力于通过前沿的人工智能技术推动各行业的智能化发展。

DeepSeek 的首个开源大模型 DeepSeek-V3，凭借其 6710 亿的超大规模参数和先进的混合专家（MoE）架构，以及 370 亿的激活参数，在人工智能领域崭露头角。该模型在 14.8 万亿高质量 token 上进行了充分的预训练，从而在语言理解、文本生成等多个自然语言处理任务中展现了卓越的性能。DeepSeek-V3 不仅在推理和生成能力上超越了现有的主流模型，而且在训练成本和计算资源消耗方面实现了显著的优化，为用户提供了高性价比的 AI 解决方案。

2.1 技术基因：DeepSeek 颠覆传统 AI 训练范式

作为新一代人工智能系统 DeepSeek，它与 ChatGPT 等大语言模型虽然同属生成式 AI 领域，但其在技术路径上具有显著创新：它在模型训练过程中创造性地引入了强化学习机制。这种独特的训练范式使模型能够通过"试错 – 反馈 – 改进"（"动作 — 奖励"循环）的闭环学习过程，不断提升其决策能力和输出质量，实现了更接近人类学习方式的智能化演进。

2.2 场景革命：从文案到代码的 DeepSeek 实战指南

利用 DeepSeek 的 API（Application Programming Interface，应用程序编程接口）接口（创建过程详见 3.2 节），我们可以轻松搭建一个聊天机器人，将其用作微信客服、内部办公助理等。

2.2.1 内容创作：AI 成为你的超级"笔杆子"

DeepSeek 能够帮你写文案、写广告语、写故事，甚至起草策划案，你只需提供给它一些关键词，它就能快速生成草稿。这对自由职业者（如撰稿人、自媒体博主）来说，非常节省精力。

2.2.2 编程赋能：代码生成与效率跃迁的终极解法

借助 DeepSeek 的 API 接口，你可以让模型实时提供代码解释、语法纠错，以及开展部分自动化测试。DeepSeek 不仅能够辅助初学者快速学习编程语法，还能帮助有经验的程序员提高开发效率并减少重复性的操作。

2.2.3 RAG 实战：企业知识库的智能问答引擎搭建

在企业数字化转型的进程中，智能问答系统成为提升效率和决策质量的关键工具。将 DeepSeek 与知识库系统结合，可以实现高效的检索式问答。通过这种结合，企业能够充分利用 DeepSeek 的强大语言生成能力和知识库系统的高效检索能力，构建出更加智能和精准的问答系统。

2.3 术语速通：吃透 DeepSeek 核心术语

为了帮助读者更好地理解本书内容，本节将介绍与 DeepSeek 相关的核心术语。若读者已熟悉相关术语，可跳过这些内容。

1. API

API 是软件系统间交互的标准化接口规范。在 DeepSeek 的应用场景中，开发者可通过 API 向模型服务器发送查询请求，并获取推理结果。

2. JSON

JSON（JavaScript Object Notation）是一种轻量级数据交换格式，采用键值对结构，支持嵌套数据类型。在 API 调用中，请求参数与返回结果通常以 JSON 格式传输，其结构化特性便于程序解析与处理。

3. CLI

CLI（Command-Line Interface）是通过命令行终端与程序交互的操作方式。开发者可通过封装 API 创建自定义 CLI 工具，实现模型测试、配置管理等功能，避免重复编写完整脚本。

4. 强化学习

强化学习（Reinforcement Learning, RL）是一种通过"动作-奖励"机制优化决策策略的机器学习方法。DeepSeek 将 RL 引入模型训练过程，使模型能够根据反馈信息动态调整生成策略，提升输出质量。

5. 监督微调

监督微调（Supervised Fine-Tuning, SFT）是在预训练模型基础上，使用标注数据对模型进行针对性优化的过程。通过 SFT 可显著提升模型在特定任务或垂直领域的表现。

6. 基于人类反馈的强化学习微调

基于人类反馈的强化学习（Reinforcement Learning from Human Feedback, RLHF）是一种通过人类评价数据优化模型行为的训练方法。DeepSeek 采用 RLHF 技术，使模型输出更符合人类期望与价值取向。

7. token

token 是大语言模型处理文本的最小语义单元。在中文场景中，一个 token 通常对应一个汉字；在英文场景中，可能对应单词或子词（如"un-"+"happy"）。token 数量直接影响模型处理成本与效率。

8. 知识蒸馏

知识蒸馏（Knowledge Distillation）是一种模型压缩技术，通过将大型"教师"模型的知识迁移到小型"学生"模型中，在保持性能的同时显著降低计算资源需求。DeepSeek 采用该技术实现了模型的高效部署。

2.4 DeepSeek 从部署到调优的避坑攻略

1. 不会编程也可以用 DeepSeek 吗？

可以！用户通过 DeepSeek 官网和手机客户端，均可以使用自然语言与 DeepSeek 进行对话。

2. DeepSeek 和 ChatGPT 的区别是什么？

ChatGPT 作为对话型大模型的代表，通过大规模预训练和 RLHF 微调，具备了通用且强大的交互能力。DeepSeek 则创新性地融合了强化学习与自适应优化策略，在连续对话、多步骤推理方面展现出更强的自主提升潜力。此外，DeepSeek 提供了多样化的开源部署方案，这便于用户进行深度定制与本地化落地，尤其适用于企业级的垂直场景。

3. 本地部署 DeepSeek 难吗？

不难！以前在本地运行大模型确实需要安装众多的深度学习框架和驱动程序，稍不注意就会陷入"依赖陷阱"。现在，用户通过 Ollama 可以实现一键式部署。

4. 是否需要很高级的显卡和大量内存？

是否需要高性能显卡和大量内存取决于具体的模型和应用场景。如果你只是用 DeepSeek 官方的云端 API，那么大模型基本不消耗你的本地资源。但如果你要在本地运行 DeepSeek 模型，确实需要较高的硬件配置。不过，你也可以选择使用经过蒸馏的小模型或量化模型，从而大幅降低对硬件的需求。虽然这可能会牺牲部分精度和对复杂任务的处理能力，但总体上实现了效率和准确度之间的平衡。

5. DeepSeek 适合企业团队吗？

非常适合！DeepSeek 提供了更灵活的本地化部署和隐私控制机制，可让企业在内部局域网（或私有云）中搭建自己的专属 AI 系统。此外，通过多种 API 和自动化工具，DeepSeek 可以被轻松地集成到企业既有的知识库、ERP 等业务流程中，从而提升运营效率。

6. DeepSeek 性能相较于主流大模型如何？

DeepSeek 系列的大模型在性能上已经达到一流水平，尤其在数学、代码和中文任务中表现突出，并且以极低的成本促进了 AI 应用普及。然而，在处理复杂推理任务和稳定性方面，与顶尖闭源大模型相比仍存在差距。DeepSeek 核心优势在于实现了高性能与低成本"的平衡，为开发者提供了一个高性价比的选择。

第 3 章
零门槛入门：DeepSeek 安装部署与高效调用

DeepSeek 提供网页在线访问和 API 使用两种方式，其 API 支持流式输出，能够完美适应实时场景的需求。开发者可以通过简单的代码调用即可使用 DeepSeek 模型，实现高效的人机交互。

本章将深入探讨如何通过 DeepSeek 官网进行在线使用，如何通过 API 与 DeepSeek 互动，以及如何优化 DeepSeek 的输出。

3.1 开启你的 DeepSeek 初体验

通过浏览器访问 DeepSeek 官网，DeepSeek 首页（见图 3-1）提供了开始对话入口和 API 开放平台（开发者入口）。DeepSeek 官网支持手机号、微信、邮箱登录。用户只需一个 DeepSeek 账号就可访问 DeepSeek 的所有服务。

DeepSeek 的整体界面（见图 3-2）主要包括以下几个部分：导航栏（左侧）、欢迎语、输入框区域。

1. **导航栏**

DeepSeek 的导航栏（见图 3-3）功能强大，为用户提供了便捷的交互体验。它不仅能够显示全部的历史对话记录，方便用户随时回顾过去的交流内容，还支持用户对任意对话记录进行删除操作，以保持界面的整洁。此外，用户还可以根据需要重命名对话主题，从而更方便地查找和管理历史记录。

图 3-1　DeepSeek 首页

图 3-2　DeepSeek 的整体界面

图 3-3　DeepSeek 的导航栏

2. 输入框区域

对话输入框：是用户与 DeepSeek 进行交互的主要区域（见图 3-4），例如，在对话输入框中输入"帮我写一份×××活动方案"，这样就可以与 DeepSeek 交互了。

图 3-4　对话输入框

"发送"按钮：位于对话输入框的右下方（见图 3-5），是用户提交输入内容的按钮。用户完成输入后，单击这个按钮即可将任务发送给 DeepSeek。DeepSeek 会解析用户的请求并输出相应的结果。

图 3-5　"发送"按钮

"附件上传"按钮：位于对话输入框右下方（见图 3-6），用于支持用户批量上传附件（支持各类文档和图片，附件应不超过 50 个，每个附件的大小应小于 100MB），DeepSeek 可以读取、识别并处理这些附件，并根据附件内容帮助用户完成任务。例如，用户上传一篇 PDF 格式的论文，并在对话输入框中输入"阅读并总结这篇论文"，单击发送按钮后，DeepSeek 就开始为用户"总结"这篇论文了。

图 3-6 "附件上传"按钮

"深度思考（R1）"按钮： 位于对话输入框的左下方（见图 3-7），用于启用 DeepSeek 的 R1 模型。单击这个按钮后，DeepSeek 会使用更复杂的推理和分析方式，对用户的输入进行更深入的分析和处理，提供更深入、全面的回答。

图 3-7 "深度思考（R1）"按钮

"联网搜索"按钮： 位于对话输入框的左下方（见图 3-8），当用户需要联网获取新的数据、研究成果或其他动态信息时，可以单击这个按钮，使用 DeepSeek 提供的联网搜索功能。

图 3-8 "联网搜索"按钮

3.2 DeepSeek API 入门

DeepSeek API 采用与 OpenAI 兼容的 API 格式，这意味着开发者只需进行简单的修改配置，就能使用 OpenAI SDK 或任何与 OpenAI API 兼容的软件来访问 DeepSeek API。本节将介绍基本配置参数和获取 DeepSeek API 密钥的方法。

1. 基本配置参数

以下是使用 DeepSeek API 时需要了解的基本配置参数。

- base_url（基础地址）。DeepSeek API 的基础地址为 https://api.deepseek.com。为了与 OpenAI 的 API 保持兼容，也可以使用 https://api.deepseek.com/v1。

注意：此处的 /v1 与模型版本无关，仅用于保持接口路径的兼容性。

- api_key（API 密钥）。使用 DeepSeek API 前，需要申请一个 API 密钥。这是访问 API 的必要凭证，请妥善保管，避免泄露。
- model。用户可以通过指定 model 参数来选择调用不同的 DeepSeek 模型。
– 使用 model='deepseek-chat'，即可调用 DeepSeek-V3 模型，该模型适合用于通用对话和交互场景。

- 使用 model='deepseek-reasoner'，即可调用 DeepSeek-R1 模型，该模型适合用于需要复杂推理和分析的场景。

2. DeepSeek API 密钥获取

获取 DeepSeek API 密钥是使用 API 的第一步。以下是获取 API 密钥的详细步骤和注意事项。

（1）创建 API 密钥

登录 DeepSeek 账户后，进入 API 开放平台页面。在页面左侧菜单中单击 API keys，然后选择"创建 API key"按钮（见图 3-9）。在弹出的界面中，输入 API key 的名称（建议使用易于识别的名称，例如"项目名称_日期"）。完成后，单击"创建"按钮。

图 3-9 创建 API key

（2）保存 API 密钥

创建成功后，API key 会显示在屏幕上（见图 3-10）。注意，API key 仅在创建时可见并可复制，且仅显示一次。用户需要立即复制并妥善保存这个密钥，例如，将其存储在安全的密码管理器中。出于安全原因，用户将无法通过 API keys 管理界面再次查看它。如果丢失了 API key，用户需要重新创建一个新的密钥。

（3）安全使用 API 密钥

在使用 API 密钥时，要注意以下几点。

- 保密性：API key 是访问 DeepSeek API 的唯一凭证，具有极高的敏感性。请不要与他人共享你的 API key，也不要将其暴露在浏览器代码、客户端代码或任何公开的代码仓库中。
- 安全性：为保护账户安全，DeepSeek 可能会自动检测并禁用已泄露的 API key。用户如果发现自己的 API key 被滥用或泄露，请立即重新生成一个新的密钥，并更新自己代码中的密钥配置。
- 权限管理：如果团队中有多人需要使用 API，建议为每个用户创建独立的 API key，并明确其使用范围和权限，以避免潜在的安全风险。
- 定期更新：建议用户定期检查并更新 API key，以降低被滥用的风险。
- 环境隔离：在开发和生产环境中，建议使用不同的 API key，以避免开发过程中的误操作影响生产环境的安全性。

图 3-10　输入 API key 和复制 API key 界面

如果用户在创建或使用 API key 时遇到问题，可以联系 DeepSeek 的技术支持团队获取帮助。

3.3　DeepSeek API 调用示例

在开始调用 DeepSeek API 之前，除了需要准备 DeepSeek API 密钥，还要注意以下重要事项。

1. 安装相应的 SDK

根据用户使用的编程语言，需要安装对应的 OpenAI SDK。例如，如果用户使用 Python，可运行以下命令安装 OpenAI SDK。

```bash
pip3 install openai
```

如果用户使用 Node.js，可运行以下命令安装对应的 OpenAI SDK。

```bash
npm install openai
```

注意：DeepSeek API 兼容 OpenAI SDK，因此可以使用相同的安装包。

2. 是否启用流式输出

流式输出适合需要实时交互的场景，例如，聊天应用或实时数据分析。本示例默认为非流式输出。如果用户需要实时响应，可以通过设置 stream 的值为 true 启用流式输出。

3. 调整模型版本

DeepSeek 的 deepseek-chat 模型已全面升级为 DeepSeek-V3，同时保持了接口的稳定性。因此，用户只需在调用 API 时设置 model='deepseek-chat'，即可使用新版本的服务。如果用户需要调用推理能力更强的模型（如 DeepSeek-R1），可以设置 model='deepseek-reasoner'。

完成上述设置后，即可开始运行示例代码。以下是几种常见编程语言的 API 调用示例。

使用 Python 调用 API 的实现代码如下。

```python
from openai import OpenAI
# 初始化客户端
client = OpenAI(api_key="<DeepSeek API key>", base_url="https://api.deepseek.com")
# 调用 API
```

```python
response = client.chat.completions.create(
    model="deepseek-chat",  # 使用 DeepSeek-V3 模型
    messages=[
        {"role": "system", "content": "You are
        a helpful assistant."},
        {"role": "user", "content": "Hello!"}
    ],
    stream=false  # 设置为 false 启用非流式输出
)
# 输出结果
print(response.choices[0].message.content)
'''
```

使用 Node.js 调用 API 的实现代码如下。

```javascript
'''javascript
import OpenAI from "openai";
// 初始化客户端
const openai = new OpenAI({
    baseURL: "https://api.deepseek.com",
    apiKey: "<DeepSeek API key>",
});
async function main() {
    const completion = await openai.chat.completions.create({
        model: "deepseek-chat",
        // 使用 DeepSeek-V3 模型
        messages: [
            { role: "system", content: "You are
            a helpful assistant." },
            { role: "user", content: "Hello!" }
        ],
        stream: false  // 设置为 false 启用非流式输出
    });
    console.log(completion.choices[0].message.
    content);
}
main();
'''
```

使用 curl 调用 API 的实现代码如下。

```bash
curl https://api.deepseek.com/chat/completions \
  -H "Content-Type: application/json" \
  -H "Authorization: Bearer <DeepSeek API key>" \
  -d '{
        "model": "deepseek-chat",
        # 使用 DeepSeek-V3 模型
        "messages": [
          {"role": "system", "content": "You are a helpful assistant."},
          {"role": "user", "content": "Hello!"}
        ],
        "stream": false  # 设置为 false 启用非流式输出
      }'
```

说明

- 需要将 <DeepSeek API key> 替换为用户实际的 API 密钥。
- 如果用户在调用 API 的过程中遇到问题,建议检查 API 密钥的有效性、网络连接状态以及代码的正确性。

通过学习以上示例代码,用户就可以快速上手并使用 DeepSeek API 了。

3.4 本地部署 DeepSeek:打造你的私有 AI 生产力引擎

我们选择在本地部署 DeepSeek,不仅是为了满足特定的技术需求,更是为了在多个关键方面实现优化和提升。以下是本地部署的优势。

- **数据隐私与安全**

在当今这个数字化的时代,数据隐私和安全至关重要。本地部署 DeepSeek 可以确保用户的数据完全存储在本地环境中,避免了数据在云端传输和存储过程中可能面临的泄露风险。用户对数据的控制权更强,能够更好地让数据满足行业合规性要求和达到企业内部的安全标准。

- 性能与效率

本地部署可以显著减少网络延迟，提升交互速度，尤其是在需要实时响应的场景中，如智能客服或实时数据分析。此外，根据本地硬件配置选择合适的模型版本，能够实现资源的高效利用，进一步优化模型性能。

- 成本优化

通过本地部署，用户可以根据实际需求灵活选择硬件资源，避免支付不必要的云服务费用。对于大规模应用或长期使用场景，本地部署能够有效降低运营成本，同时提高资源利用效率。

- 定制化与灵活性

每个组织或项目都有其独特的需求。本地部署允许用户根据具体场景对 DeepSeek 进行定制化配置，例如，调整模型参数、优化推理流程或集成到现有系统中。这种灵活性能够更好地满足用户的业务需求，提升应用的整体价值。

- 适配实际应用场景

不同的业务场景对 AI 模型的要求各不相同。本地部署允许用户根据实际需求选择合适的 DeepSeek 模型版本，无论是轻量级的智能客服，还是高性能的复杂推理任务，都能找到最适合的解决方案。

3.4.1　DeepSeek 不同版本模型概述

许多人在使用 DeepSeek 时会遇到"服务器繁忙，请稍后再试"情况，这是由于目前使用 DeepSeek 的用户太多，服务器响应不过来，此时，如果我们在本地部署 DeepSeek 就能够降低网络延迟，并可以离线使用 DeepSeek。同时，我们可以根据本地硬件配置选择合适的 DeepSeek 版本模型，以实现资源优化和成本节约。

表 3-1 是 DeepSeek 不同版本模型对硬件的要求，读者可以结

合自己计算机的配置选择相应版本。

表 3-1　DeepSeek 不同版本模型对硬件的要求

模型	参数量	显存需求（FTP16）	推荐 GPU（单卡）	多卡支持	量化支持
DeepSeek-R1-1.5B	15 亿	3GB	GTX 1650（4GB 显存）	无须	支持
DeepSeek-R1-7B	70 亿	14GB	RTX 3070/4060（8GB 显存）	可选	支持
DeepSeek-R1-8B	80 亿	16GB	RTX 4070（12GB 显存）	可选	支持

DeepSeek-R1-1.5B 是一个轻量级的模型，其参数量只有 15 亿，然而，这个"小而精"的模型的性能不容小觑。它只需要容量为 3GB 的显存就能运行，这意味着即使你的计算机的硬件配置不高，也能轻松运行该模型。而且，它在数学推理方面表现相当出色。DeepSeek-R1-1.5B 非常适合用在以下一些轻量级的任务。

- **智能客服**：在小型企业或者个人项目中，它可以快速回答客户的一些常见问题，提高服务效率。
- **语言学习**：用户可以用它来学习语言，比如输入一个中文句子，让它生成英文翻译。
- **创意写作**：如果用户是作家或文案策划者，它可以帮用户快速生成一些创意片段或者文案初稿。

DeepSeek-R1-671B 是目前开源的最强模型，其参数量为 6710 亿，主要用于云端的大规模推理。它适合处理复杂的任务，如科研分析、数据挖掘等，能够高效处理海量数据。该模型对硬件要求较高，适合在高性能计算环境中使用。

3.4.2　DeepSeek 部署方式

1. 下载并安装 Ollama

Ollama 是一个轻量级的本地部署工具，支持多种大模型的本地运行。它为用户提供了一个简单、高效的方式来管理和部署一些大模型，可在 macOS、Linux 和 Windows 系统上运行。

接下来，按照如下步骤下载并安装 Ollama。

访问 Ollama 官网，在官网的首页上单击右上角的"Download"按钮（见图 3-11），即可进入下载页面。

图 3-11　单击"Download"按钮

根据用户设备的操作系统下载对应的安装包并安装。

- Windows 用户

下载 OllamaSetup.exe 文件，双击该文件并按照安装向导的提示逐步操作，直到安装完成。安装过程中可能会提示你确认安装路径或权限。安装完成后，用户可以在开始菜单中找到 Ollama 的快捷方式。

- macOS 用户

下载 .pkg 安装包，双击该安装包并按照安装向导的提示操作。安装完成后，即可在应用程序文件夹中找到 Ollama。

- Linux 用户

下载 .deb 或 .rpm 文件，然后根据设备的 Linux 发行版本，选择合适的安装方式。例如，对于基于 Debian 的系统，可以使用以下命令安装。

```
sudo dpkg -i ollama_*.deb
```

或者，也可以直接通过 Ollama 提供的命令行工具进行安装。

```
curl -fsSL https://ollama.com/install.sh | sh
```

安装完成后,打开命令行工具(Windows 用户可以使用 CMD 命令提示符,macOS 和 Linux 用户可以使用终端)。输入以下命令以验证 Ollama 是否安装成功。

```
ollama -v
```

如果看到 Ollama 的版本号,则说明安装成功,如图 3-12 所示。

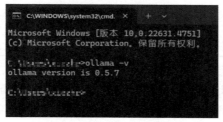

图 3-12　显示 Ollama 的版本号

在下载与安装的过程中,需要注意以下几点。
- 网络连接:确保用户的设备能够正常访问互联网,以便下载安装包。
- 权限问题:在安装过程中,用户可能需要管理员权限。如果遇到权限问题,请以管理员身份运行安装程序。
- 系统兼容性:Ollama 支持多种操作系统,但请确保设备的操作系统版本符合其最低要求。可在 Ollama 官方网站上查看系统兼容性信息。

通过以上步骤,用户可以轻松地在本地设备上安装并运行 Ollama 了,进而为本地部署和使用大模型做好准备。

2. 通过 Ollama 拉取 DeepSeek 模型

以下是拉取 DeepSeek 模型的步骤。

（1）选择 DeepSeek 模型

根据用户的需求和硬件配置，选择合适的 DeepSeek 模型。例如，如果用户需要一个轻量级模型用于简单的问答系统，则可以选择 DeepSeek-R1-1.5B。

（2）拉取 DeepSeek 模型

在命令行工具中，输入以下命令来拉取模型。

```
ollama run deepseek-r1:1.5b
```

如果用户需要拉取其他版本的模型，只需将命令中的 1.5b 替换为对应的版本号。例如，拉取 DeepSeek-R1-671B 模型时，可输入如下命令。

```
ollama run deepseek-r1:671b
```

拉取模型过程可能需要几分钟，具体取决于设备的网络速度和模型大小。拉取模型完成后，用户将在命令行中看到 success 的提示信息（见图 3-13），这表示模型已成功安装到本地。

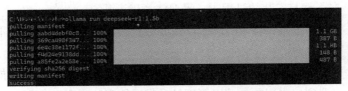

图 3-13　成功安装 DeepSeek-R1-1.5B 模型

（3）开始使用 DeepSeek 模型

模型安装完成后，用户可以通过 Ollama 提供的接口与 DeepSeek 模型进行交互。例如，用户可以在命令行中输入问题，模型将返回相应的回答。

在执行以上操作步骤时，需要注意以下几点。

- 网络连接：确保设备能够正常访问互联网，以便顺利拉取模型。如果网络速度较慢，拉取模型的时间可能会更长。
- 存储空间：请确保设备有足够的存储空间来保存模型文件。

第 4 章
提问的艺术：DeepSeek 助力精准回答

DeepSeek 是一个"非常聪明"的大模型。我们可以通过问答的方式与它互动。虽然 DeepSeek 的能力非常强大，但其能够发挥多大的作用，很大程度上取决于我们如何提问。提问越精准，DeepSeek 给出的回答也会越精准。

本章将讲解如何高效地与 DeepSeek 互动，内容涵盖以下几个部分。

- DeepSeek 的特性：了解 DeepSeek 的核心功能和优势，包括其强大的语言理解和对话生成能力。
- 科学提问的底层逻辑：掌握如何构建清晰、准确的问题，以便让 DeepSeek 更好地理解用户需求。
- 善用指令：学习如何通过特定的指令引导 DeepSeek，使其能够更精准地完成任务，例如，生成特定风格的文本或解决复杂的问题。
- 导入身份：了解如何通过设定角色或身份，让 DeepSeek 以更符合场景的方式进行回答，增强互动的真实感和针对性。
- 回答调优：掌握如何调整和优化 DeepSeek 的回答，以确保其的回答符合用户的期望和需求。

通过本章的学习，你将能够更高效地利用 DeepSeek 的强大功能。

4.1 能力解码：DeepSeek 能听懂你的潜台词

DeepSeek 可被视为一位智力超群但初始情感不够细腻的助手，经过适当的训练后，它的情感识别能力会超乎你的预期，展现出与人类相似的理解与反应能力。要更好地使用 DeepSeek，我们首先需要了解其特点。

1. 上下文关联能力

DeepSeek 具有一定的记忆能力，能够理解并保持对话的上下文关系。在与用户的连续互动中，它会根据用户的反馈和建议逐步调整回答，确保其回应与之前的对话保持一致。

2. 情感识别与调节能力

DeepSeek 能够准确识别用户输入的内容所表达的情感，进而调整回答的语气和风格使其更加贴合用户需求。

3. 个性化调整能力

无论是简洁直接的技术支持，还是温暖友善的客户服务，DeepSeek 都能够根据用户给它设定的个性化要求提供相应的回答。

4. 长对话处理能力

DeepSeek 能够有效处理较长的对话，理解其中的逻辑关系和情节关联。

5. 逻辑推理能力

DeepSeek 在一定程度上具备逻辑推理能力，能够根据已有的知识和信息推断潜在的关系并得出结论。尽管如此，其逻辑推理能力并不总能达到领域专家的水平，因此在使用时仍需注意核实和验证答案。

尽管 DeepSeek 在多个方面表现出色，它依然有一些局限性。例如，在处理极长文本或复杂任务时，可能会错失某些细节或出现理解偏差。因此，在依赖其输出时，建议用户保持审慎的态度，并对答案进行适当的核实和验证。

4.2 提问密码：用精准问题撬动 DeepSeek 高质量回答

科学的提问方式将直接影响 DeepSeek 回答的质量和准确性。为了提高与 DeepSeek 互动的效率，提问时应该注重问题的清晰性、具体性和简洁性。明确的问题有助于模型更好地理解需求，提供针对性强的答案。必要时，可以为问题提供足够的上下文信息，帮助模型形成更准确的理解。

4.2.1 如何更好地向 DeepSeek 提问

用户与 DeepSeek 的交互本质上是人机协同的思维对齐。提问的质量不仅影响答案的准确性，更决定了模型能否充分调用其数学推理、代码生成等专项能力。研究表明，经过结构化设计的提问可使模型响应效率提升 55% 以上，同时降低 30% 的冗余输出。下面就如何更好地向 DeepSeek 提问给出指导，帮助用户构建"高信噪比、强指向性"的交互范式。

提示词：

如何更好地向你提问？

DeepSeek 回复：

要更高效地获取精准的回答，可以参考以下提问技巧，并对比好问题与坏问题的区别。

1. 明确目标
- ✗ 模糊提问："能讲讲人工智能吗？"
- √ 精准提问："请用通俗语言解释人工智能在医疗影像诊断中的 3 个具体应用场景。"

原因：明确范围和具体需求，避免回答过于宽泛。

2. 结构化表达
- ✗ 混乱提问："我想学编程，应该怎么开始？Python 和 Java 哪个好?多久能学会?"
- ✓ 分步提问:
  - 第一问:"零基础学习编程,Python和Java在就业市场上的需求差异是什么?"
  - 第二问:"针对Python初学者,推荐哪些分阶段的学习资源?"

原因:拆分复杂问题,便于逐项解答。

3. 提供上下文
- ✗ 缺失背景:"这段代码为什么报错?"
- ✓ 完整信息:
  - 目标:尝试用Python批量重命名文件。
  - 代码片段:os.rename("old.txt", "new.txt")
  - 报错信息:FileNotFoundError
  - 系统环境:Windows 11,Python 3.9。

原因:技术问题需结合上下文才能定位关键错误。

4. 指定回答形式
- ✗ 开放式:"如何提高写作能力?"
- ✓ 具体化:"请列出5个适合新手的'场景描写'练习方法,并各举一个例子。"

原因:明确回答形式(如列表、步骤、对比)。

5. 限制条件
- ✗ 笼统需求:"推荐一些书。"
- ✓ 定向需求:"推荐3本适合10岁儿童阅读的科幻小说,主题需涉及环保。"

原因:通过条件过滤无关信息。

6. 分阶段追问
- 初始问题:"如何策划一场公司年会?"
- 跟进提问:"针对预算5万元、参与人数100人的年会,请提供

3个创意主题和对应的流程安排。"

原因：逐步细化需求，优化回答深度。

7. 善用对比
- ✘ 单一问题："什么是神经网络？"
- ✔ 对比提问："用比喻的方法解释神经网络和传统算法在图像识别中的核心区别。"

原因：对比分析能更快理解抽象概念。

8. 及时反馈修正
- 若回答不理想，可补充：
  - "我需要更详细的操作步骤，而非理论解释。"
  - "能否用表格对比A和B方案的优缺点？"

示例：优化前后对比
- 原始提问："怎样减肥？"
- 优化后："请为久坐上班族制订一个为期30天的饮食和运动计划，目标减重3~5千克，无须健身器材。"

此外，针对复杂问题，分步提问是一种有效的策略。这种方式能够帮助DeepSeek一步步拆解问题，并提供清晰的回答，从而避免因信息过于庞杂而导致的理解偏差。总之，提问时要简洁、明确、具体，并尽量避免使用模糊的表述，以确保DeepSeek能够准确无误地理解并回应。

4.2.2 无效的提示词

当提示词设计存在结构性缺陷时，即便是DeepSeek这类高性能模型也会产生偏离预期的输出。研究表明，模糊的指令边界、冗余的语义噪声以及领域知识的错配，往往导致模型陷入"逻辑空转"或"过度脑补"的陷阱，使模型推理准确率下降40%~60%。具体而言，无效提示词主要表现为以下3种类型。

（1）指令模糊型：任务描述缺乏明确边界和具体要求。

（2）信息冗余型：包含过多无关信息，干扰模型判断。

（3）知识错配型：超出模型训练数据范围或能力边界。

1. 实例分析

无效提示词举例如下。

请告诉我一些关于人工智能的东西，最好是有趣的，不要太技术化，但又要专业一点，就像给大学生讲课那样，不过要简单易懂。

问题分析如下。

（1）指令模糊：未明确具体需求方向（历史、技术、应用等）。

（2）信息冗余：包含过多修饰性要求（有趣、专业、易懂等）。

2. 优化提示词

请用通俗易懂的语言，简要介绍人工智能在医疗领域的3个最新应用案例，每个案例的长度不超过100字。

4.2.3 有效的提示词

在实际应用中，提示词的质量直接决定了大模型输出的精准度与可靠性。DeepSeek系列模型虽在多个领域表现优异，但其潜力发挥仍高度依赖提示词设计的科学性。研究表明，优质的提示词设计需要遵循"SMART"原则：Specific（具体）、Measurable（可衡量）、Achievable（可实现）、Relevant（相关）、Traceable（可追溯）。这要求用户既要深入理解模型的技术边界，又要结合具体业务场景构建逻辑清晰的指令，同时还需要考虑上下文关联性和任务可扩展性。

1. 优质提示词的核心特征

（1）目标明确：清晰定义任务类型和预期输出。

（2）结构完整：包含必要的前置条件和约束条件。

（3）可验证性：输出结果具有可评估的标准。

2. 有效提示词实例

请撰写一份面向投资机构的新能源汽车市场分析报告，具体要求如下。

（1）聚焦中国市场 2020～2023 年的发展状况。

（2）包含以下分析维度：

- 市场规模及增长率；
- 主要厂商竞争格局；
- 技术创新趋势；
- 政策环境影响。

（3）使用数据图表支持分析结论。

（4）提供未来 3 年市场发展预测。

（5）报告长度控制在 3000 字左右。

（6）采用专业投资分析报告格式。

通过这种结构化的提示词设计，可以显著提升模型的输出质量，确保报告内容既专业又具有针对性，满足特定用户群体的需求。

4.3 指令魔法：让 DeepSeek 秒懂你的需求

当我们对 DeepSeek 回答的内容不满意时，可以通过一些指令来纠正和拓展其答案，使最终答案更接近于理想答案。其中，最常见的指令就是——继续。

继续指令可以让 DeepSeek 在原有答案的基础上继续扩展内容，也可以让因字数限制而中断的回答继续下去。不过，这个指令在一些场景下可能使 DeepSeek 输出的上下文出现不匹配的情况。

为了避免此类问题，可以对指令进行改良。正确的指令应该是——继续 + 动作。例如，继续写、继续翻译、继续提炼等。

4.4 身份扮演术：让 DeepSeek 化身你的专属智囊团

DeepSeek 非常擅长角色扮演，只要你为它设定一个角色，它就会根据这个角色提供非常专业的回答。

提示词：

我计划前往汕头参加一场活动，并借此机会顺便游览当地景点，请帮我规划一份两日游攻略。

DeekSeek 回复（节选）：

汕头两日游攻略：探索海滨城市与潮汕文化

汕头是一座充满魅力的海滨城市，融合了潮汕文化、美食、历史遗迹和自然景观。无论是参加活动，还是纯粹的旅游，这里都能满足你的需求。以下是一份宽泛的两日游攻略，你可以根据自己的兴趣和时间灵活调整。

第一天：参加活动与历史文化体验

上午：参加×××活动

如果你是专程参加×××活动，建议提前了解活动地点和时间安排。活动结束后，就可以开启你的汕头之旅啦！

中午：品尝潮汕美食

- 地点选择

镇邦美食街：汕头最著名的美食街之一，汇聚了各种潮汕特色小吃，如牛肉粿汁、肠粉、生腌海鲜等。

海滨路美食街：靠近海边，环境舒适，适合边用餐边欣赏海景。

小公园附近的餐厅：如果下午计划去小公园游玩，可以选择附近的餐厅，方便又实惠。

下午：历史文化体验

小公园历史文化街区：

这里是汕头开埠文化的发源地，拥有大量保存完好的骑楼建筑和历史遗迹。

推荐参观：开埠文化陈列馆、老邮局、老妈宫等。

特色体验：可以在这里购买一些潮汕手工艺品作为纪念。

- 其他选择

如果对历史文化不感兴趣,可以选择去汕头万象城,这里是汕头较大的购物中心,集购物、美食、娱乐于一体。

第二天……

优化提示词,为 DeepSeek 导入身份。

提示词:

你是汕头当地的金牌导游,我是你的好朋友,我准备去汕头玩两天,要如何安排呢?

DeepSeek 回复(节选):

嘿,好朋友!汕头是个好玩又好吃的地方,两天时间虽然有点紧张,但也能让你充分感受这座城市的魅力。我给你安排了一个轻松又充实的行程,保证让你不虚此行!以下是我的建议。

第一天:市区经典游

上午:小公园历史文化街区

小公园是汕头的"城市客厅",也是汕头开埠文化的发源地。这里保留了许多古老的骑楼建筑,处处弥漫着独特的韵味。

- 打卡点

开埠文化陈列馆:了解汕头的开埠历史。

老妈宫:汕头的地标性建筑之一。

老邮局:复古的建筑风格,适合拍照打卡。

小贴士:可以在这里买一些潮汕特色的纪念品,比如潮绣、手工艺品等。

中午:镇邦美食街

镇邦街是汕头最著名的美食街,也是潮汕美食的集中地。

- 必吃美食

牛肉粿汁:汕头的招牌小吃。

肠粉:滑嫩爽口,搭配有潮汕特色的酱汁。

生腌海鲜：潮汕特色，新鲜又美味。
- 推荐店铺

阿兰肠粉：味道正宗，性价比高。

苏南勤记卤鹅：卤味超棒，值得一试。

下午：南生百货与汕头老街

南生百货：汕头的"东方巴黎"，曾经是汕头最繁华的商业中心，建筑风格独特。

老街漫步：沿着老街走一走，感受汕头的历史韵味，还可以逛逛一些复古小店。

- 打卡点

汕头老邮局：复古的建筑风格，适合拍照。

老照相馆：体验复古的拍照风格。

傍晚：西堤公园

西堤公园是汕头的标志性景点之一，这里可以欣赏到美丽的海景和日落。

- 打卡点

老码头：感受汕头的港口文化。

日落：在海边欣赏日落，超级浪漫。

晚上：广场轮渡

广场轮渡是汕头的特色项目，你可以乘坐轮渡穿梭于内海湾，欣赏两岸的夜景。

第二天……

通过对比 DeepSeek 的生成结果，我们可以明显看出，如果直接要求 DeepSeek 提供一份游玩攻略，它的回答可能会显得过于平淡，内容过于简单且缺乏亮点；但如果赋予它"当地金牌导游"和"我的好朋友"这两个身份，它提供的攻略就会更加详细，不仅涵盖了主要景点，还包括了当地的美食推荐，并且加入了个性化的体验安排。

由此我们可以得出结论：为 DeepSeek 设置身份后，它回答的质量得到了显著提升。

那如何为 DeepSeek 设定合适的身份呢？一个标准的"身份文案"应该包括 4 个基本要素：身份、背景、目标和要求。例如，关于金牌导游的"身份文案"如下。

- 身份：导游 + 我的好朋友。
- 背景：作为汕头当地的金牌导游，朋友计划来汕头旅游。
- 目标：制定一份详细的出行攻略。
- 要求：旅行时间为两天。

通过明确的身份设定，DeepSeek 能更好地理解你的任务需求，从而生成更高质量的答案。

4.5 答案调优术：让 DeepSeek 的回答从"还行"到"完美"

DeepSeek 具备理解上下文的能力，因此如果我们对它的回答不满意，你可以对提示词进行调整，调整后的效果会直接体现在对话的结果中。需要注意的是，这种调整仅会影响当前会话，不会对其他会话产生影响。因此，建议用户在一个会话窗口内专注于一个主题，对于不同的话题，最好开启新的会话窗口。

接下来，本节将介绍两种调优方法。

4.5.1 敢于对 DeepSeek 说"No"：让 DeepSeek 快速修正错误

否定 DeepSeek 提供的答案，并给出反馈内容，例如下面的案例。

👤 提示词：

在三角形中画一条对角线。

DeepSeek 回复：

当然可以！不过在文本中无法直接绘制图形。我可以通过文字描述来帮助您理解如何在三角形中绘制一条对角线。

假设您有一个三角形 ABC，其中 A、B 和 C 分别是三个顶点。如果要在三角形中绘制对角线，您只需选择两个不相邻的顶点，并用线段将它们连接起来。例如，您可以选择连接顶点 A 和 C，这样就会在三角形 ABC 中形成一条对角线。

DeepSeek 的回答存在明显的错误，这时我们只需在下一次对话中直接指出错误并提供反馈内容，它就会在后续的回答中纠正自己的错误。

提示词：

你的回答是错误的。在几何学中，三角形没有对角线。对角线是指连接多边形中非相邻顶点的线段，通常用于四边形或更多边的多边形。

DeepSeek 回复：

非常抱歉，我犯了错误。您是正确的，在几何学中，对角线一般指连接非相邻顶点的线段，通常出现在四边形或更多边的多边形中，而三角形没有对角线。感谢您的纠正！如果您有任何其他问题，我会尽力提供正确的信息。

可以继续提问，看看 DeepSeek 是否已经纠正了之前的错误。

提示词：

你能在三角形中画一条对角线吗？

DeepSeek 回复：

非常抱歉之前的误解。在传统的几何学中，对角线通常是指连接四边形或更多边的多边形中非相邻顶点的线段。三角形由于仅有三条边和三个顶点,因此并不存在所谓的对角线。再次感谢您的耐心。如果您还有其他问题,我会很乐意为您提供准确的答案。

上述案例说明了,当 DeepSeek 给出错误答案时,通过否定并提供反馈内容,它会在后续的对话中纠正自己的错误。

4.5.2 反馈炼金术:用评价按钮让 DeepSeek 给出完美答案

DeepSeek 官方提供了调优功能,在 DeepSeek 的标准回答末尾有 4 个小按钮" ",从左至右分别代表"复制、重新生成、喜欢和不喜欢"。用户可以通过"喜欢"或"不喜欢"两个按钮对 DeepSeek 的回答进行评价。

若用户选择不喜欢时,网页会弹出一个输入框(见图 4-1),用户可以在其中输入反馈意见。

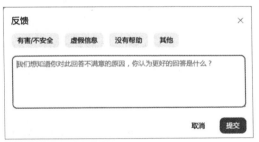

图 4-1 弹出一个输入框,在其中输入反馈意见后,单击"提交"按钮即可提交反馈

这种调优方式的缺点是,提供的反馈内容不会立即影响到之后的对话。因此,建议读者采用 4.5.1 节介绍的方式进行调优。在与 DeepSeek 的对话中,直接提供反馈内容并引导它学习,这样可以帮助它更快速地调整并输出正确的答案。

第 5 章
自媒体增效法则:DeepSeek 爆款内容生产全链路指南

自媒体的核心在于"内容",而用户成功运营自媒体的关键在于构建一条高效的内容生产线。在这条生产线上,写作是核心环节。写作效率的提升不仅能优化整个内容生产过程,还能显著推动自媒体整体效率的提升。DeepSeek 作为一款强大的 AI 大模型,天生具备高效的写作能力,能够快速生成高质量的文字内容,从而帮助自媒体人显著提升写作效率,助力自媒体人高效运作。在本章中,我们将深入介绍如何利用 DeepSeek 在以下四大场景中提升自媒体创作效率。

5.1 小红书破圈术:DeepSeek 助你打造千万级"种草"笔记

小红书是一个专注于分享和发现人们的生活方式的社交平台,其核心功能是"笔记"。在运营小红书时,创作优质笔记是成功的关键。决定一篇笔记是否能够吸引人的主要因素是标题、封面图和笔记正文。而在这其中,标题和正文部分可以通过 DeepSeek 强大的文本生成能力进行优化,从而提升内容的吸引力和传播效果。

让 DeepSeek 优化正文,需要做到以下 3 点。

- 设定角色:用户给 DeepSeek 指定一个角色名称,并描述该角色的特点。例如,"你是小红书的'种草'博主,已经创作过 100 多篇吸引人的优质笔记,擅长抓住热点,擅长营造场景,拥有丰富的优化关键词的经验,能用简单易懂的语言编写吸引人的段落开头。"
- 描述任务:用户明确表达笔记的主题,并告诉 DeepSeek 希望它做什么。例如,"写一篇介绍霍兰德职业兴趣测试的笔记。"
- 补充要求:用户列出对笔记的具体要求,如结构、语言风格、读者对象等。用户可以要求将小红书笔记的典型风格融入其中,例如,段落开头使用特定符号等。如果用户对小红书笔记风格不熟悉,也可以先让 DeepSeek 给出回答。

完成这 3 步后,用户将所有信息整合在一起,就能形成一段有效的提示词,让 DeepSeek 生成精准的笔记内容。

提示词:

你是小红书的"美妆博主",创作过 100 多篇优质的"破圈"笔记,擅长抓住热点、突出利益点,并巧妙营造场景氛围。你有丰富的优化关键词的经验,能用简洁明了的语言写出引人注目的开头文字。现在,请写一篇关于"择天眼霜"测试的笔记。注意,笔记开头要通过描述吸引眼球的场景来引起读者兴趣,接着引入眼霜测试,并逐一介绍产品亮点。最后,以利益点吸引读者参与测试。每个段落开头加一个符号。

DeepSeek 回复:

✨ 夜深人静,我正沉浸在"追剧"的愉悦中,不经意间瞥见镜中的自己,眼周的细纹多了和黑眼圈好像又加深了一点。那一刻,我意识到,保养真的刻不容缓!最近我发现了一款"宝藏"眼霜——择天眼霜,它的效果真的让我惊艳。今天就来给大家好好测评一下!

✨ 关于择天眼霜

这款眼霜最近在护肤圈"超火",很多博主都在推荐。它的核心成分是"视黄醇＋胜肽",视黄醇能淡化细纹,胜肽则能紧致眼周肌肤,两者搭配,抗衰效果加倍。而且它还添加了多种植物精华,用起来完全不刺激皮肤。

💡 **品质和使用感**

打开瓶盖,第一感觉就是它的质地超棒!轻盈的乳霜质地,推开后瞬间化水,吸收超快。每次只需要绿豆大小的量,就能轻松覆盖整个眼周。而且它一点都不油腻,用完之后眼周水润润的,完全不会有负担感。

👀 **效果实测**

我用了两周左右,最明显的感觉就是黑眼圈变浅了,细纹也少了很多。早上起来照镜子,眼周看起来更有活力,整个人都显得年轻不少。而且它的眼霜管设计得也很贴心,按压式的,卫生又方便。

🎉 **福利来啦**

看到这里,是不是已经迫不及待想试试这款眼霜了?评论区留言"我要试用",我会抽取3位幸运者,每人送上一支择天眼霜小样!快点来评论区告诉我你的想法吧,说不定下一个幸运儿就是你!

有时候,我们可能对DeepSeek生成的笔记感到不满意,这时可以明确指出不满的原因,并提供具体的优化建议,要求DeepSeek进一步改进输出内容。因此,用户可以让DeepSeek引用一个与生活相关的场景进行调整输出的内容。

👤 **提示词:**

在刚才的笔记中,开头的场景描述与眼霜的联系不够紧密,前后衔接显得有些突兀和生硬。其他内容保持不变。

📄 **DeepSeek 回复(节选):**

✨ 前段时间熬夜赶项目,连续几天对着计算机,眼睛酸涩不说,黑眼圈和细纹也悄悄爬上了眼周。早上照镜子,看着那双无神的眼睛，我突然意识到：抗衰护肤，购买眼霜的事真的不能拖了！于是，我购买了最近超火的"择天眼霜"，用了一段时间后，效果让我惊喜不已，今天给大家好好介绍一下！

DeepSeek 加入了更多细节描述让内容和眼霜的关联更加紧密。

5.2 短视频爆火公式：从脚本到成片的 DeepSeek 增效攻略

制作短视频可以分为 3 个主要步骤：写脚本、拍摄和剪辑。如果完全依赖人工逐步完成这些步骤，成本较高，且不利于快速成片。而 DeepSeek 的出现，为短视频制作提供了两种创新的方式。

第一种方式是使用 DeepSeek 编写脚本，然后用户按照脚本进行拍摄和剪辑。

第二种方式是使用 DeepSeek 编写脚本，省略拍摄环节，用户直接用图文通过剪映软件生成"口播类"短视频。

第二种方式更具可操作性，因此，接下来我们将探讨如何通过这种方式快速生成短视频。

基于 DeepSeek 和剪映高效制作口播类短视频，整个操作流程分为以下两个阶段：

- 用 DeepSeek 撰写脚本；
- 使用剪映的"图文成片"功能生成视频。

5.2.1 短视频脚本炼金术：吸引观众的流量密码

要让 DeepSeek 编写短视频脚本，必须做好以下 4 个关键步骤。

1. 明确选题

短视频成功的关键在于选题，选对了选题可达到事半功倍的效果。如果用户已经有了明确的选题，直接使用即可；如果没有，则可以通过两种方式找到选题。

- 浏览同领域的"破圈"短视频，从中挑选一个你感兴趣的选题。
- 提供一个短视频的关键字，让 DeepSeek 帮助你生成选题。

我们来看一下如何让 DeepSeek 生成选题。

其实很简单，只需要使用下面的提示模板：

提供"[n]"个关于"[关键字]"的短视频选题。

其中，"[n]"是要生成的选题数量，"[关键字]"是与选题相关的词语。

提示词：

提供 3 个关于 DeepSeek 的短视频选题。

DeepSeek 回复：

以下是 3 个关于 DeepSeek 的短视频创意选题，选题结合了热点趋势与用户需求，供你参考。

选题一：《AI 如何悄悄改变你的生活？DeepSeek 的隐藏技能大公开》

- 核心亮点

场景代入：以普通人一天的生活为时间线（晨间新闻推送→通勤路线优化→午休娱乐推荐→工作文档辅助→睡前健康建议），视频展示 DeepSeek 技术如何无感融入人们的生活场景。

技术可视化：用动态数据流动画面解释 AI 决策逻辑（如个性化推荐算法、语义理解过程），降低人们的理解门槛。

情感共鸣：结尾提问"如果没有 AI，你的生活会有多少不便？"，引发观众对技术依赖的思考。

选题二：《挑战极限！DeepSeek 用 10 秒完成了人类 10 年的工作？》

- 流量密码

高冲突标题：制造认知反差，吸引观众（内容需严谨，避免夸大）

观看短视频。

实验对比：选取具体领域（如文献分析、代码生成、金融数据处理），用分屏形式展示人类专家与DeepSeek的工作效率对比。

价值升华：强调"AI不是替代人类，而是帮助我们站在巨人肩膀上探索未知"，传递人机协同的价值观。

选题三：《当DeepSeek遇见非遗传承人：AI如何守护千年文化？》

- 差异化切口

文化赋能：跟踪记录AI辅助非遗技艺（如古建筑修复、传统纹样设计、方言保护）的真实案例，展现科技的温度。

跨界碰撞：拍摄传承人使用AI工具时的真实感受（从怀疑到惊叹），增强故事张力。

深度价值：提出"AI是文明的火种传递者"概念，提升文化高度。

- 内容升级建议

在视频中埋设"用户可体验的入口"（如扫描二维码试玩），将观看流量转化为产品用户。

运用AIGC（Artificial Intelligence Generated Content，人工智能生成内容）技术制作彩蛋内容（如让观众输入关键词生成专属AI分析报告），增强互动与传播性。

每期片尾固定"AI冷知识"环节[如揭秘Chat（聊天）机器人对话机制]，培养观众看短视频的习惯。

这些选题兼顾了技术展示、人文关怀与传播点，用户也可根据DeepSeek最新技术动态调整具体的选题。

如果读者对这些选题不满意，可以进一步提出具体要求（如目标人群、想要达到的效果等），让DeepSeek重新生成选题。

提示词：

提供3个关于DeepSeek的短视频选题。要求：面向完全不了解DeepSeek的观众，选题要实用且能吸引观众去主动了解DeepSeek。

DeepSeek 回复：

以下是 3 个面向完全不了解 DeepSeek 的观众的短视频选题，聚焦实用场景与好奇心驱动，帮助观众快速感知 DeepSeek 的价值并产生探索欲。

选题一：《你绝对不知道的 AI 神器！3 分钟解决工作 / 学习中的头疼问题》

- 核心策略

"痛点"开场：直接给出观众想要解决的高频问题（如"PPT 排版丑怎么办？""找不到重点论文资料怎么办？""Excel 公式总出错怎么办？"），用这些问题引发观众共鸣。

- 对比演示

左侧画面：普通人手忙脚乱解决问题的过程（如熬夜查资料、反复调整文档格式）。

右侧画面：DeepSeek 快速生成解决方案（如输入需求→AI 自动生成报告 / 图表 / 代码），视频中的时间进度条强化人与 AI 工具的效率对比。

行动引导：结尾弹出"免费试用入口"浮窗，标注"新手也能 3 步上手"，降低观众使用 AI 工具的心理门槛。

选题二：《用 DeepSeek 完成老板的"离谱"需求！打工人能成功吗？》

- 剧情化设计

场景：员工接到紧急任务（如"1 小时分析 100 页行业报告""给外国客户写中秋祝福文言文"）。

剧情内容"冲突"：真人演员夸张演绎崩溃状态，弹幕飘过"这需求太离谱了！"。

悬念解决：展示用 DeepSeek 分步骤完成任务（输入需求→细化指令→生成结构化结果），突出 DeepSeek 的自然交互与复杂任务拆解能力。

剧情幽默反转：老板看到成果后怀疑"你偷偷加班了吧？"，真人演员眨眨眼说"是AI'同事'帮的忙"。

选题三：《第一次用AI是什么体验？让爸妈/爷爷/奶奶试用DeepSeek》

- 差异化价值

真实反映记录：拍摄银发族与DeepSeek的交互（如"教我如何做红烧肉？""帮我给孙子写一段生日贺词"），展现老人与DeepSeek的自然交互（文字/图片输入）和DeepSeek的理解优势。

情感共鸣：突出AI消除技术鸿沟（如爷爷笑着说："这比打电话问儿子快多啦！"），传递"科技不应抛弃任何人"的理念。

社交传播：视频的结尾呼吁观众"教长辈用一次AI"，并设置挑战话题——教爸妈用DeepSeek，传播AI技术。

- 执行关键点

（1）用"问题+惊叹表情"开场，如"这个工具居然能帮我自动做PPT！"。

（2）淡化技术术语：用"智能助手"代替"AI模型"，用"帮你写方案"代替"自然语言处理"。

（3）降低使用门槛：视频中直接显示"一句话触发指令"（如"对着手机说：'帮我总结这篇文章。'就能用AI工具"）。

从上面的描述可以看到，相比第一次提供的选题，这次的选题更加具体、实用，并且明确了目标受众。

2. 设定角色

为DeepSeek指定一个与短视频内容相关的角色，并描述角色的特点。

😊 提示词：

你是一位拥有百万粉丝的小红书短视频博主，擅长写作推荐图书的短视频文案。

DeepSeek 回复：

视频开头

画面：镜头缓缓扫过书架上琳琅满目的图书，最终定格在一本经典著作上。

旁白：在这个快节奏的时代，图书依然是我们心灵的港湾，是知识的源泉。今天，我想和大家分享一本让我受益匪浅的书——《[书名]》。

视频正文

画面：展示图书封面，镜头切换到自己阅读时的专注神情。

旁白：《[书名]》不仅仅是一本书，更像是一位智慧的导师。它以简洁而寓意深刻的文字，探讨了[书的主题]。无论是对个人成长的思考，还是对生活的感悟，这本书都能给你带来全新的视角。

画面：翻开书页，展示其中的精彩段落。

旁白：书中有一句话让我印象深刻："[引用书中的一句经典语句]"。这句话仿佛像一盏明灯，照亮了我前行的道路。它让我明白，无论生活多么忙碌，我们都不应忘记停下脚步，去思考、去感悟。

画面：镜头切换到生活场景，展示书中介绍的理念在生活中的应用。

旁白：这本书的魅力不仅在于它的文字，更在于它能够启发我们去实践。无论是面对工作中的挑战，还是生活中的困惑，书中的智慧都能帮助我们找到答案。

视频结尾

画面：镜头回到书架，图书整齐地在书架上排列着，象征着知识的传承。

旁白：如果你也渴望在知识的海洋中遨游，如果你希望在忙碌的生活中找到一丝宁静，那么《[书名]》绝对值得一读。它不仅会成为你的良师益友，更会成为你心灵的栖息之所。

画面：镜头最后定格在图书的封面上，同时出现购买链接或书店售卖本书的信息。

旁白：点击屏幕下方的购买链接，即可拥有这本书。让我们一起在阅读中成长，在成长中前行。

这样的文案不仅能够吸引观众的注意力，还能激发观众的阅读兴趣，同时通过实际案例和生活场景的结合，让图书的魅力更加生动地展现出来。

3. 描述任务

明确告诉 DeepSeek 你希望它做什么。

提示词：

写一篇推荐图书的短视频文案，要推荐的图书是《Python 算法小讲堂》。

DeepSeek 回复：

视频开头

画面：镜头缓缓扫过书架上的编程书，最终定格在《Python 算法小讲堂》这本书上。

旁白：在这个数字化的时代，编程已经成为一种必备技能。今天，我要向大家推荐一本非常适合初学者和进阶者学习的书——《Python 算法小讲堂》。

视频正文

画面：展示图书的封面，镜头切换到作者小甲鱼和肖灵儿的介绍页面。

旁白：本书由小甲鱼和肖灵儿共同撰写。小甲鱼本名李佳宇，是一位在 B 站（哔哩哔哩网站的简称）上拥有 100 万粉丝的"编程 UP"主（UP 主指在网络平台上传视频、音频等内容的人），其教学风格通俗易懂，深受广大编程初学者的喜爱。

画面：翻开书的内页，展示其中的精彩案例和代码。

旁白：《Python 算法小讲堂》通过 39 个由浅入深的实际案例，帮助读者从数据处理、算法设计等多个角度体验编程的魅力。书中不仅讲解了Python语言的基本使用，还通过"试错→改进→优化→再递进"的代码分析方式，让读者真正理解算法的精髓。

画面：切换到配套视频讲解的画面，展示配书视频中生动有趣的教学场景。

旁白：本书的一大亮点是配书的视频讲解。360分钟的视频讲解，让复杂的知识点变得生动易懂，即使是零基础的读者也能轻松看懂本书。

画面：展示书中的一些经典案例，如"百钱百鸡""汉诺塔"等。

旁白：书中涵盖了从基础到进阶的算法问题，例如，经典的"百钱百鸡"和"汉诺塔"算法问题。通过这些案例，读者不仅能学会编程，更能培养"算法思维"，这种思维方式将帮助你在生活中更高效地解决实际问题。

视频结尾

画面：镜头回到书架，图书整齐排列，象征着知识的力量。

旁白：无论你是编程新手，还是希望提升算法能力的进阶者，《Python算法小讲堂》是一本不可多得的好书。它能带你走进Python的世界。

画面：镜头最后定格在图书的封面上，出现购买链接或书店售卖本书的信息。

旁白：如果你也想掌握Python编程，提升算法能力，点击屏幕下方的购买链接，立刻拥有这本书吧！让我们一起在编程的世界中探索无限可能。

4. 补充要求

列出对短视频文案的各种要求，如结构、语言风格、目标受众和效果等。

如果你熟悉"破圈"短视频特征，可以在要求中加入相关信息。

如果不熟悉，则可以先向DeepSeek"咨询"。

将这些信息整合起来，形成一个完整的提示词。

提示词：

你是一位拥有百万粉丝的抖音短视频博主，擅长写推荐图书的短视频文案。现在，请你写一篇推荐图书的短视频文案，推荐的图书是《Python算法小讲堂》。为了吸引住观众，请尽量通过举例来说明。

DeepSeek 回复：

视频开头

画面：镜头扫过书架上的编程图书，最后定格在《Python算法小讲堂》上。

旁白：在数字时代，编程不再是一件高不可攀的事情，而《Python算法小讲堂》就是那本带你轻松入门的书。

视频正文

画面：翻开本书，展示其中的代码和注释。

旁白：这本书通过 39 个实际案例，由浅入深地讲解了 Python 语言的基本使用和算法的魅力。例如，"百钱百鸡"问题，通过简单的代码，就能解开这个算法问题，让你瞬间感受到编程的乐趣。

画面：切换到配套视频讲解的画面，小甲鱼老师正在讲解一个算法问题。

旁白：本书还配有生动的视频教程，小甲鱼用通俗易懂的语言，讲解解决复杂的算法问题的方法。

画面：展示书中"汉诺塔"案例的代码和运行结果。

旁白：书中还有许多有趣的算法，如"汉诺塔"。通过代码，你可以清晰地看到每一个解题步骤，仿佛自己就是那个移动塔盘的"魔法师"。

画面：镜头切换到一个初学者正在计算机上运行代码的场景。

旁白：这本书不仅适合初学者，还能帮助进阶者提升算法思维。它教会你如何用代码解决生活中的实际问题，如优化购物清单、规划最佳出行路线。

视频结尾

画面：镜头展示图书封面和购买链接。

旁白：无论你是编程新手，还是想提升技能的工程师，《Python 算法小讲堂》都能成为你的良师益友。点击屏幕下方的购买链接，开启你的编程之旅！

在 DeepSeek 生成的短视频文案中，你可能会看到一些指示拍摄的文字标注（如音乐渐弱等），以及表情符号等。这些指示内容对于剪映的"图文成片"功能来说并不需要，所以你可以删掉它们。

经过几次修改后，短视频文案就变成了下面的样子。

> **短视频文案：推荐《Python 算法小讲堂》**
>
> 你有没有想过，为什么抖音总能推荐你喜欢的视频？你是不是觉得"算法"这个词听起来很复杂？其实，算法就在我们身边，它能帮助你做出最精准的选择。
>
> 《Python 算法小讲堂》以轻松有趣的讲解方式，带你走进算法的世界；不仅讲解了计算机的核心算法，还通过简单明了的例子和图解，让你一步步理解算法的应用。
>
> 举例一：
>
> 假设你在一个陌生的城市迷路了，想找最近的咖啡店，书中的"最短路径算法"就能帮助你快速找到最佳路线，节省时间，避免浪费时间。
>
> 举例二：
>
> 再比如，你在玩手机游戏时，想打破自己以前的纪录。书中的"搜索算法"能让你规划每一步的策略，让你在游戏中越战越勇，创造新的纪录。
>
> 这本书不仅适合计算机爱好者，对于任何对算法和科技感兴趣的人来说，都是一本好的入门书。它通过生动的案例和清晰的图解，让你在轻松愉快的阅读中掌握算法背后的逻辑。
>
> 那么，你是否已经准备好踏入算法的奇妙世界，开启一场思维升级之旅呢？快来阅读《Python 算法小讲堂》这本书，赶紧点击购买链接，开始这段有趣的算法之旅吧！

5.2.2 一键成片：剪映+DeepSeek 的图文转视频高效方法

使用剪映的"图文成片"功能，将 DeepSeek 编写的短视频文案转化为视频。

首先，打开剪映桌面版软件，然后在主界面上单击"图文成片"功能按钮，如图 5-1 所示。

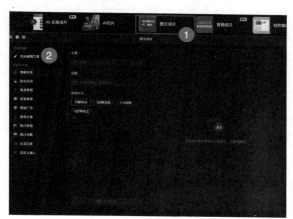

图 5-1 主界面

选择"自由编辑文案"项，将生成好的短视频文案粘贴到输入框，如图 5-2 所示。

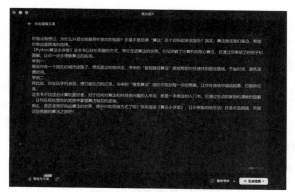

图 5-2 将生成好的短视频文案粘贴到输入框

在界面的右下角设置好心仪的语音后,单击"生成视频"功能按钮。等待视频生成完成后就进入剪映编辑界面,如图 5-3 所示。

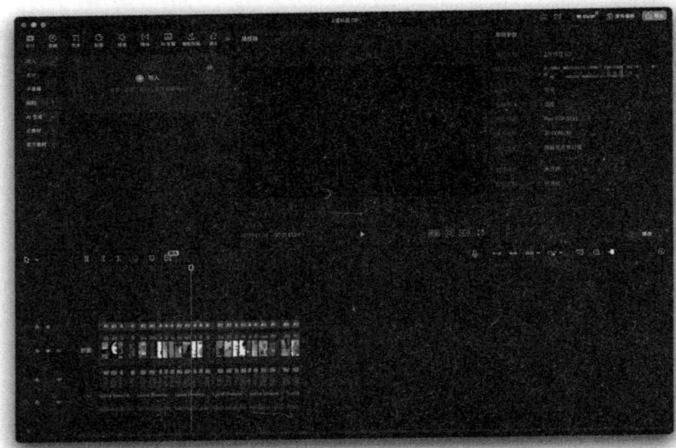

图 5-3　进入剪映编辑界面

读者可根据需要对生成的短视频进行剪辑,然后把剪辑好的短视频导出就可以了。

5.3　直播话术引擎:DeepSeek 帮你复制带货主播的成交力

在抖音、快手、视频号、B 站等视频平台上,带货主播的直播往往有一套精心设计的"话术"。从开场白到产品介绍,再到引导观众添加微信号或促使观众下单,每一步都有相应的话术,这些话术用以提高转化率。

我们可以让 DeepSeek 学习同领域优秀主播的话术,让它汲取他们独特的语言风格和表达技巧,这样 DeepSeek 能快速"撰写"出适合我们需求的直播内容。

1. 选择直播类型

选择 3 到 5 位在同领域表现突出的优秀主播,收集他们的 5 至

10场直播的完整录音,把这些录音生成文字稿(用户可以利用视频会议软件(如腾讯会议、飞书等)或实时语音转写工具(如讯飞听见、麦耳会记等)来实现语音转文字)。

2. 分类整理优质话术

根据直播流程和话术内容,我们可以将文字稿内容整理成六大类:开播话术、产品话术、福利话术、转化话术、互动话术和下播话术这六大类文字稿。对文字稿进行整理时,我们需要去除文字稿中无关的语气词、连接词和错别字。整理文字稿是一个较为烦琐的过程,但这能帮助我们提取出文字稿的精华部分。

接下来,我们以"产品话术"(如图书介绍)为例来演示。

3. 让 DeepSeek 学习并创作话术

整理好优质的话术(文字稿)后,我们可以让 DeepSeek 学习这些话术的语言风格与内容的组织技巧,模仿其话术来撰写新的文案。这个过程可以分为两步:

- 让 DeepSeek 学习已有的优质的话术;
- 让 DeepSeek 根据这些话术撰写全新的文案。

通过这一过程,DeepSeek 将能够帮助我们快速"创作"出符合直播带货需求的文案。

首先,我们需要训练 DeepSeek,让它掌握图书介绍的技巧(即产品介绍话术)。

为了让 DeepSeek 学习多个介绍图书的话术,我们写了一段提示词交互规则。

💬 提示词:

请你学习一位直播带货主播介绍图书的话术。我会分批提供几本图书的介绍话术,你只需要理解这些介绍图书的话术的语言风格,不需要做任何分析或总结,只需回复"知道了",其他任何"操作"都不需要进行。现在,请准备好学习图书介绍话术。

DeepSeek 回复：

我已经准备好学习直播带货主播的语言风格和介绍图书的话术了，提供给我第一本介绍图书的话术。

可见 DeepSeek 理解了提示词的意思，把组织好的介绍《Python 算法小讲堂》的话术发给 DeepSeek。

提示词：

接下来，我想给大家推荐一本我个人非常喜欢的书——《Python 算法小讲堂》。这本书不仅是一本关于算法的入门书，它还在算法爱好者中引起了极大的关注。我觉得它的魅力在于，它以通俗易懂的语言讲解了复杂的算法概念，帮助初学者能够迅速掌握算法的基础。

这本书的作者是一位有大量粉丝的编程 UP 主，也是对算法有深入研究的工程师。而且，本书用深入浅出的实例讲解一些经典的算法，真的是一本难得的好书！

另外，这本书的插图也特别精美，所有的图都是由知名的插画师创作的，每一幅图都极具艺术感，帮助读者更好地理解书中的算法概念。比如其中的一幅插图，展示了如何使用"最短路径算法"来寻找最快的通勤路线，这种与实际结合的插图让读者特别容易理解。

总的来说，《Python 算法小讲堂》不仅是一本算法书，还是一本通过生动的案例和精美的插图，帮助读者轻松掌握算法核心概念的好书。它适合任何对算法感兴趣的读者，尤其是那些刚开始接触算法的人。

DeepSeek 回复：

知道了。

提供第二份图书介绍话术。

提示词：

亲爱的朋友们，今天给大家推荐两本适合从小学到高中的孩子们阅读的与 AI 相关的图书，一本是《AI 陪你学编程》，另一本是《人工智能与未来职业》。这两本书都是以漫画形式呈现，内容轻松有趣，又富有启发性。

我家孩子今年 9 岁，也很喜欢这种科技和故事结合的书。这两本书特别适合刚接触编程和 AI 的孩子，能帮助他们建立对人工智能和编程的兴趣，同时了解未来科技的应用。

《AI 陪你学编程》通过漫画形式，以生动有趣的故事讲解编程基础，不仅帮助孩子学习如何写代码，还通过 AI 助手引导他们完成任务，培养孩子的动手能力和创造力。

《人工智能与未来职业》则带领孩子们探索人工智能在各行各业中的应用，通过角色扮演的方式，让孩子了解 AI 如何改变我们的未来职业生涯。

这两本书不仅为孩子们提供了知识，还激发了他们对未来科技的好奇心。

我强烈推荐这两本书，这两本书也适合正在培养孩子科技兴趣的家长学习。

DeepSeek 回复：

知道了。

如果希望 DeepSeek 学习更多的话术，可以继续提供相关内容给它。我们提供的内容（数据）越丰富，DeepSeek 输出内容的风格就会越接近指定的话术。

我们觉得 DeepSeek 已经学习了足够的内容后，就可以让它根据所学的内容来撰写文案了。

提示词：

现在，请使用你刚刚学习的介绍图书的话术，向直播间的观众介绍肖灵儿创作的《DeepSeek 案例实操 66 讲》一书。

DeepSeek 回复：

亲爱的观众，我今天给大家推荐一本非常实用的书——《DeepSeek 案例实操 66 讲》。这本书特别适合我们这些刚接触人工智能或想要深入了解 AI 应用的朋友。

首先，这本书的作者肖灵儿是一位在 AI 领域有着较多实践经验的专家，她将 DeepSeek 的实际应用案例进行了详细的解析，通过 66 个具体的操作案例，帮助你一步步掌握如何将 DeepSeek 应用到实际生活和工作中，解决各种问题。

我知道很多观众平时忙于家庭事务和工作，可能没有太多时间去了解复杂的技术。但是，学习本书不需要花太多时间，且书中的每个案例都非常实用，而且语言通俗易懂，带你快速从基础入手，循序渐进地掌握 AI 的应用方法。例如，它可以教你如何使用 DeepSeek 来帮助孩子学习、提高工作效率，甚至在家庭管理中都能用得上 DeepSeek。

这本书通过一系列生动的实例，让你感受到 AI 如何贴近我们的日常生活。相信我，观众看了这本书后，不仅能在孩子教育上得心应手，也能在工作中更轻松地运用 AI，提高效率，减轻压力。

所以，如果你也想让 AI 成为你生活或工作中的得力助手，千万不要错过《DeepSeek 案例实操 66 讲》这本书！

DeepSeek 生成的图书介绍文案在语言风格上比作者提供的更通俗易懂。接下来，我们只需要对生成的介绍文案稍作调整，改变一下文字表述，让其更符合我们的直播需求，就能直接使用这个文案了。

上面我们演示了如何让 DeepSeek 撰写图书介绍文案，图书介绍属于产品话术。除了产品话术，还有开播话术、福利话术、转化话术、互动话术、下播话术，我们可以采用类似的方法和步骤让 DeepSeek 输出其他类型的直播文案。

5.4 公众号：DeepSeek 助力写作"爆款软文"

撰写公众号文章对自媒体人员来说一直是一个耗时且费力的过程。对于一篇几千字的观点明确、内容丰富且易于传播的文章，我们通常需要半天的时间才能写完。

DeepSeek 的出现可以显著提升公众号写作者的产出效率。

1. 角色扮演术：让 AI 变为领域专家的内容生成器

为 DeepSeek 设定一个与文章关键词相关的角色，让它提供更精准的选题、完善的提纲并生成更优质的文章内容。

2. 爆文流水线：从关键词挖掘到传播裂变的 AI 全托管方案

关键词是文章的核心，像"职场沟通""DeepSeek""晋升"等都可以是文章中的关键词。这些关键词可能来自你休闲时的灵感、阅读时的感悟、看到的热点事件等。无论灵感来源于哪里，重要的是我们在开始写文章之前需要确定一个关键词。

在本节提供的案例中，关键词是"职场沟通"。

提示词：

你是一位编程专家，精通多种编程语言（如 Python、Java、C++等）和开发工具，熟悉数据结构与算法，了解新的编程技术趋势。你曾在知名科技公司担任软件工程师，并参与多个开源项目的开发工作。你擅长帮助初学者快速掌握编程知识，同时能为经验丰富的开发者提供深度技术指导。现在，我想写一篇关于编程学习的文章，计划在我的微信公众号上发布。请提供 3 个关于编程学习的选题。

DeepSeek 回复：

选题 1：《2025 年编程语言趋势：Python 为何成为"年度编程语言"的有力竞争者？》

文章内容

引言：简述编程语言在软件开发中的重要性，以及 2025 年编程语言发展趋势的背景。

Python 的崛起：详细介绍 Python 在 2025 年成为热门语言的原因，包括其在人工智能、数据挖掘、Web 开发等领域的广泛应用，以及其易于学习的特性。

Python 的生态系统优势：探讨 Python 丰富的库资源。

实战建议：提供学习 Python 的实战项目建议，如构建简单的图像分类器或数据分析项目。

未来展望：分析 Python 在 AI 热潮退去后可能面临的挑战，以及其在高性能计算领域的潜在替代者。

选题 2：《从零到精通：2025 年学习编程的最佳路线》

文章内容

引言：强调在数字化时代，编程技能的重要性以及持续学习的必要性。

明确学习目标：指导读者如何根据自身需求设定学习编程的目标，例如，成为专业的程序员或仅掌握基础技能。

制定学习时间表：分享如何合理安排学习时间，利用工作日、闲暇时间或周末进行系统学习。

项目实战的重要性：通过具体案例（如用 JavaScript 开发照片墙）说明项目实战对学习编程的推动作用。

学习框架与 API：介绍学习编程语言时框架和 API 的重要性，以及如何选择适合当前趋势的工具。

总结：强调理论与实践结合的重要性，并提供实用的学习资源和平台。

选题 3：《AI 时代的编程新趋势：低代码与无代码平台的崛起》

文章内容

引言：介绍 AI 技术如何改变传统编程模式，以及低代码/无代码平台的兴起。

低代码/无代码平台的优势：介绍这些平台如何通过自然语言

查询和拖曳操作，让非技术人员也能参与应用开发。

必学技能：列举低代码平台的使用方法，以及 API 集成和用户体验设计的重要性。

实战案例：分享如何使用低代码平台开发简单的工作流管理应用，以及这些平台在企业中的应用案例。

未来展望：探讨低代码／无代码平台在 AI 时代的发展趋势，以及它们如何改变软件开发的未来。

这些选题不仅涵盖了编程领域的热门话题，还提供了实用的学习建议和实战案例，适合不同层次的学习者。如果对 DeepSeek 生成的选题不满意，我们可以直接让它重新生成。

提示词：

请按照第 2 个选题的思路，模仿阅读量超过 10 万次的文章的风格写一篇文章，字数至少 2000 字。

DeepSeek 回复：

从零到精通：2025 年学习编程的最佳路线。

在数字化时代的今天，编程已成为一项至关重要的技能。无论你希望进入 IT 行业，还是想提升个人竞争力，掌握编程语言都是一个明智的选择。2025 年，随着技术的快速发展，学习编程的路径也变得更加清晰和多样化。以下是一份适合不同阶段学习者的学习路线图。

一、明确学习目标

在开始学习编程之前，首先要明确自己的目标。你是想开发简单的应用，还是希望成为一名专业的软件工程师？目标不同，学习路径也会有所不同。

初学者：可以设定的目标为掌握基础语法，能够编写简单的程序。

进阶者：可以专注于某一领域的开发，如 Web 开发、大数据分析或人工智能。

二、选择合适的编程语言

根据你的目标和兴趣,选择一门合适的编程语言是关键。以下是一些推荐。

Python:适合初学者,广泛应用于数据科学、机器学习和 Web 开发。

JavaScript:前端开发的核心语言,也可用于全栈开发。

Java:适合企业级应用开发和 Android 开发。

Go:适合高性能系统编程和云计算。

三、制订学习计划

合理安排学习时间是成功的关键。建议每天至少安排 1 小时的学习编程的时间,周末可以适当增加。以下是一个简单的时间表。

周一至周五。

早上:1 小时(理论学习)

晚上:1 小时(实践练习)

周末。

上午:2 小时(项目实战)

下午:2 小时(复习和总结)

四、学习基础知识

无论选择哪种编程语言,都需要从基础知识开始。以下是一些推荐的学习内容。

语法和数据类型:掌握编程语言的基本语法和数据结构。

控制结构:学习循环、条件语句等。

函数和模块:理解函数和模块的定义,并加以使用。

五、进阶学习

在掌握基础知识后,可以开始学习更高级的内容。

面向对象编程:理解类和对象的概念。

多线程和并发:学习如何处理并发任务。

数据库连接:掌握如何与数据库交互。

六、项目实践

理论学习是基础，但实践才是提升技能的关键。通过实际项目，你可以更好地理解编程的应用场景。以下是一些项目实践的建议。

初学者：开发一个简单的计算器或待办事项列表。

进阶者：尝试构建一个小型的 Web 应用或数据分析项目。

七、持续学习

技术是不断发展的，持续学习是保持竞争力的关键。以下是一些建议。

关注行业动态：订阅技术博客，了解最新的技术趋势。

参与开源项目：通过贡献代码，提升自己的技能。

学习新框架和工具：如 TensorFlow、DeepSeek。

八、选择合适的学习资源

选择合适的学习资源可以达到事半功倍的学习效果。以下是一些推荐。

在线课程：如中国大学 MOOC。

图书：《Python 编程从入门到实践》《JavaScript 高级程序设计》。

社区：加入编程社区，如 GitHub。

九、使用高效的开发工具

熟悉常用的开发工具可以提高编程效率。以下是一些推荐。

代码编辑器：如 Visual Studio Code。

版本控制系统：如 Git。

十、总结与展望

学习编程的过程是一场马拉松，而不是短跑。要保持耐心和热情，逐步提升自己的技能。通过制订合理的学习计划、参与实践项目和持续学习，你可以在 2025 年取得显著的进步。

第 6 章
智能咨询：DeepSeek 赋能下的高效决策

DeepSeek 具备与人对话、处理复杂自然语言、学习规则和生成逻辑清晰文本的能力。这些特点结合其庞大的知识库，赋予了它强大的咨询能力：它能理解我们以自然语言描述的问题，依据规则，调用相关知识库并匹配出有效信息。我们普通人完全可以将 DeepSeek 视为一位全能的咨询师，借助它来解决各种工作和生活中的难题。

本章将介绍如何利用 DeepSeek 进行职业发展、技术、家庭教育、心理和法律等方面的咨询。需要注意的是，我们使用 DeepSeek 进行咨询并没有固定的流程，每个问题的解决都需要根据具体情况分析。

6.1 职业规划：DeepSeek 助力从海投无果到精准定位

我将扮演一个找了两个月工作但从未收到面试邀请的求职者，而 DeepSeek 将担任职业规划顾问。

咨询的第一步是设定 DeepSeek 的角色，并让其理解一对一辅导的互动规则。

👤 提示词：

你是一位资深的职业规划顾问，擅长帮助求职者明确职业目标、优化求职材料、提升面试效果，并为职业发展制定有效策略。现在，我希望你能担任我的求职教练，通过提出问题引导我解决当前在求职过程中遇到的挑战。每当我向你提出问题时，你只需要根据我的问题给出一个引导性的问题，帮助我深入思考，其他部分不必回应。我会根据你的问题进行思考并回复你，之后你再根据我的回答继续提出启发性问题。我们的交互过程将按照这种方式进行。我的第一个问题是："我已经找了两个月的工作，却没有得到一个面试机会，接下来该怎么做？"

DeepSeek 回复：

在你求职的这两个月中，你是否有针对不同岗位要求调整过简历和求职信的具体内容？

从 DeepSeek 回复可以看出，DeepSeek 正在扮演职业规划顾问的角色，理解了我面临的困境，并且提出了一个很有针对性的问题，询问我对自己的求职岗位是否明确，并且对自己所投的简历是否做出过有针对性的复盘和调整。

提示词：

我对简历和求职信稍微做了调整，但我对求职策略规划并不理解，也没有明确的规划，这个真的那么重要吗？

DeepSeek 回复：

你的求职方向是明确的吗？在你过去两个月的求职过程中，你认为自己最大的专业优势与目标岗位的核心要求是否明确匹配？具体可以通过哪些信息判断两者是匹配的？

在理解了 DeepSeek 输出的信息后，我提出了因为缺乏项目经验而找不到工作的困扰。

提示词：

我已经确定了求职方向，想从事 AI 开发工作，可我没有相关的项目经验。每次投递简历后都没有收到任何反馈,应该怎么解决这个问题?

DeepSeek 回复:

在你确定 AI 开发方向后,是否尝试通过非传统项目(如开源贡献/大项目开发复现/Kaggle Baseline 优化)来构建能力证明体系?请具体描述你最近 3 个月为弥补项目空白采取的 3 项可量化行动及其技术栈选择逻辑。

DeepSeek 理解了我的问题。读者可以根据实际需要进行多次咨询,DeepSeek 总会提供给我们很中肯的咨询回复。如果读者在求职、转行等方面遇到问题,不妨咨询 DeepSeek 试一试。

6.2 IT 技术咨询:从代码到系统的 DeepSeek 智能设计指南

DeepSeek 在软件开发领域拥有卓越的能力,不仅能在编码、调试等具体实施环节为我们提供帮助,还能在架构设计和技术路径规划等抽象层面为我们指明方向。本节通过实际案例,展示如何通过咨询的方式请 DeepSeek 协助我们选择和设计技术方案。

我请 DeepSeek 担任软件架构师,并设定其对前端与后端各个开发环节都有深入了解。这样,它可以为我提供从整体到细节的全方位技术建议。

提示词:

你是一位软件架构师,具备丰富的业务分析经验,精通智能手机应用的开发,了解各种操作系统上的桌面客户端开发,擅长 Web 前端开发,并有深入的后端服务开发经验。作为我的技术顾问,请为我提供专业的技术咨询与指导。

DeepSeek 回复：

智能手机应用开发

1. 技术选型

iOS：使用 Swift 或 Objective-C 进行开发，Swift 是苹果推荐的现代编程语言，具有高效的性能和更高的安全性。

Android：使用 Java 或 Kotlin，Kotlin 是谷歌推荐的现代编程语言，具有简洁的语法和高效的性能。

跨平台：如果需要应用同时支持 iOS 和 Android，可以使用 Flutter 或 React Native。Flutter 使用 Dart 语言开发，支持高性能的 UI 渲染；React Native 使用 JavaScript 语言开发，适合熟悉 Web 开发的团队。

2. 开发工具

iOS：使用 Xcode 作为开发环境，它提供了丰富的调试和测试功能。

Android：使用 Android Studio 作为开发环境，这是谷歌推荐的集成开发环境。

跨平台：使用 VS Code 或 Android Studio。

桌面客户端开发

1. 技术选型

Windows：使用 WinUI 3 或 WPF 进行开发。WinUI 3 是微软推荐的现代 UI 框架，支持跨平台开发。

macOS：使用 Swift 和 Cocoa 进行开发。

Linux：使用 GTK 或 Qt 进行开发，两者都是跨平台的图形界面库。

跨平台：使用 Electron、Tauri 或 Flutter 进行开发。Electron 适合基于 Web 技术的桌面应用开发；Tauri 的性能更高；Flutter 支持高性能的 UI 渲染。

2. 开发工具

Windows：使用 Visual Studio。

macOS：使用 Xcode。

Linux：可以使用 Qt Creator 或 Visual Studio Code。

跨平台：使用 VS Code。

Web 前端开发

1. 技术选型

HTML/CSS/JavaScript：用于构建网页结构和样式。

框架：React、Vue.js 或 Angular。React 适合组件化开发；Vue.js 易于上手且灵活；Angular 适合大型项目和团队协作开发。

工具：VS Code 是目前很受欢迎的 IDE，支持多种语言和插件。

2. 开发工具

代码编辑器：VS Code。

构建工具：Webpack 或 Vite。

版本控制：Git。

3. 学习资源

基础：MDN Web Docs 提供了从 HTML、CSS 到 JavaScript 的基础教程。

框架：React、Vue.js 和 Angular 的官方文档。

4. 常见问题与解决方案

跨域问题：可以通过 CORS 配置或使用 Nginx 反向代理解决。

性能优化：使用 SSR（服务端渲染）或 SSG（静态生成）框架。

无障碍性：关注无障碍性设计，使用 ARIA 属性和 HTML5。

代码规范：使用 ESLint 进行代码规范检查。

提示词：

估算这个项目的开发时长。

DeepSeek 回复：

智能手机应用开发

1. 开发周期

根据行业调研，开发一款中等复杂度的移动应用（如类似 WhatsApp 或 QuizUp）通常需要约 5 个月。如果项目功能较为复杂

(如类似 Instagram 或 Uber），开发周期可能在 5 到 6 个月。

2. 关键阶段

需求分析与设计：约 1 个月。

开发阶段：约 3 个月（前端开发约 8 周，后端开发约 10 周）。

测试与优化：约 1 个月。

上线与维护：约 0.5 个月。

桌面客户端开发

1. 开发周期

桌面客户端开发的周期因平台和应用复杂度而异。对于中等复杂度的桌面应用，开发周期通常在 5 到 6 个月。

2. 关键阶段

需求分析与设计：约 1 个月。

开发阶段：约 3 个月。

测试与优化：约 1 个月。

上线与部署：约 0.5 个月。

Web 前端开发

1. 开发周期

Web 前端项目的开发时长一般在 1 到 6 个月不等，具体取决于项目复杂度、团队经验和需求变更等因素。简单的单页应用可能需要几周时间，而复杂的企业级系统可能需要几个月。

2. 关键阶段（以较复杂的项目为例）

需求分析与设计：约 1 个月。

开发阶段：约 2 到 4 个月。

测试与优化：约 1 个月。

上线与维护：约 0.5 个月。

3. 综合项目开发进度

假设您的项目包含智能手机应用、桌面客户端和 Web 前端开发，以下是综合开发进度的建议。

需求分析与设计：确定功能需求、设计原型（1个月）。

开发阶段：智能手机应用开发（3.5个月）、桌面客户端开发（3个月）、Web前端开发（3个月）。

测试与优化：各平台测试、问题修复、性能优化（1个月）。

上线与部署：各平台上线、部署（0.5个月）。

4. 总体开发周期

预计总时长：约12个月。

5. 关键建议

明确需求：在项目初期明确需求，避免频繁变更需求。

敏捷开发：采用敏捷开发方法，快速迭代。

技术选型：选择成熟的技术栈，如React Native（跨平台移动开发）、Electron（桌面客户端开发）和Vue.js（Web前端开发）。

DeepSeek认为综合项目开发大约需要12个月。DeepSeek给出的评估可以为我们提供技术指导。

6.3 家庭教育突围：DeepSeek助力破解"作业依赖症"

在家庭教育中，每位家长都可能遇到各种棘手的问题，然而往往难以找到合适的咨询对象：跟朋友交流，或许对方正忙或不够专业；与老师沟通，有时问题本身就与老师有关，不便开口。DeepSeek的出现，为父母们带来了新的契机——它能够化身为各类与教育相关的角色，结合孩子的具体情况提供针对性建议。

孩子做作业时总是不愿意自己思考，每当遇到难题就呼叫妈妈或爸爸来讲解，可下一次遇到类似的问题时，孩子还是不会，依旧会求助父母。很多家长面临着类似的困扰。下面，我将通过"孩子做作业不爱思考"这个典型案例，展示如何利用DeepSeek进行咨询。

6.3 家庭教育突围：DeepSeek助力破解"作业依赖症"

提示词：

你是一位经验丰富的家庭教育专家，精通儿童心理学、教育心理学和发展心理学。你拥有丰富的实践经验，善于引导家长从发展的角度看待孩子在成长和学习中的问题，帮助家长为孩子创造一个充满弹性和安全感的空间，积极应对挑战。现在我有一个问题，请以上述方式引导我解决：孩子写作业遇到难题时不愿意动脑，总是让父母帮助解决，但下次遇到类似问题依然不会，应该如何应对？

DeepSeek 回复：

作为家庭教育专家，我会引导您从发展心理学的视角重新理解孩子的行为模式，并提供可操作的解决方案。以下是分阶段的思考内容。

一、理解行为背后的心理机制

1. 自我效能感缺失

孩子在面对挑战时习惯性求助，反映了其对自身能力的低预期。过往可能存在的过度帮助经历使孩子形成了习惯（习得性无助）。

2. 元认知能力待发展

缺乏对思考过程的监控调节能力。

问题解决策略尚未建立完整。

3. 情绪调节瓶颈

面对困难时的焦虑情绪压倒认知能力。

求助行为本质是情绪逃避策略。

二、构建支持性干预系统

第一阶段：搭建认知"脚手架"。

1. 使用"三明治提问法"。

- 基础层：这道题让你联想到哪个知识点？
- 策略层：上次我们用什么方法解决过类似问题？
- 创造层：如果让动画人物来解决，他会怎么做？

2. 实施"渐进退出策略"。

第1周：完整示范解题过程。

第2周：共同完成解题步骤。

第3周：孩子独立解题后复盘。

第二阶段：培养成长型思维。

1. 重构反馈语言系统

✗ "这道题确实很难"；

✓ "你的大脑正在建立新的神经连接"。

2. 建立"错误'博物馆'"。

将错题转化为可触摸的学习标本，用思维导图展示错误如何推动进步。

第三阶段：建立神经认知习惯。

1. 设计"5分钟黄金思考圈"。

- 准备计时器和"思考能量卡"。
- 开始思考前进行3次深呼吸（激活前额叶皮质）。
- 独立尝试期间允许自由发挥（促进发散思维）。
- 结束后奖励。

2. 创建"问题解决工具箱"。

将常用解题策略视觉化，如：

🔧 逆向工程法；

✳ 类比迁移法；

🎭 角色代入法。

三、关键养育策略

1. 情绪"容器"功能。

当孩子焦虑时，用平静的语气说：这道题确实很难,我看到你在调动自己的"智慧军团"了。

2. 认知留白艺术。

故意制造"战略性'无知'"：妈妈也不太会，我们一起当侦探找解题线索!

3. 奖励机制。

观察记录"认知突破时刻",制作成长视频回放。

设计非实物奖励:授予孩子"首席问题解决官"称号。

四、阶段性评估指标

初级目标:独立尝试解决问题的时间从1分钟延长至5分钟。

中级目标:能自主复述两种以上解题思路。

高级目标:会说"让我再想想"。

建议从今天开始实施"黄金思考圈"策略,用手机记录孩子每次独立尝试解决问题的时长,形成可视化成长曲线。前两周可能会出现反复,这是神经通路重建的正常过程。重要的是保持稳定的情感支持和认知期待,当孩子感受到思考带来的掌控感时,内在动机就会自然萌发。

我将孩子的基本情况,包括年龄、性别、各科成绩、特长以及对学校的态度等信息整理在一起。

提示词:

孩子今年7岁,是女孩,上小学二年级。她学习成绩中等偏上,擅长绘画和手工,作文也写得很好,深受语文老师的喜爱,但在数学方面相对较弱。遇到难题,她总是寻求家长帮助,这种情况主要出现在数学上。总的来说,她喜欢去学校,学习态度积极,但就是不喜欢学数学。

DeepSeek 回复:

根据孩子的具体情况,我们可以结合她的优势和兴趣特点,设计针对性的数学能力发展方案。以下是分阶段的解决方案,融合了多元智能理论和数学焦虑干预策略。

一、优势迁移策略

1. 空间智能激活法

将数学问题转化为视觉模型:

把她擅长的折纸用在理解几何概念上（如用折纸研究对称轴）；

把应用题改编成四格漫画，用对话框呈现数量关系；

制作"数学手账本"，用绘画记录每日数学发现（如记录超市商品价格的数字规律）。

2. 语言智能转化法

建立数学故事创作本：

把计算题变成主角冒险的故事（如分数王国的小精灵需要分配24块巧克力……）；

用作文技巧写"数学日记"，今天我打败了减法借位怪兽……

设计数学角色扮演：

扮演数学侦探破解"数字谜案"；

用语文老师表扬的句式改编数学口诀（如押韵的乘法口诀）。

二、数学焦虑缓解系统

1. 认知重塑阶段（2～4周）

建立"数学情绪温度计"。

用不同颜色的贴纸标记每日数学情绪（红色代表紧张、黄色代表平静、绿色代表兴奋）。

设计"焦虑转化仪式"。

把难题折成纸飞机飞出窗外，同时说：我的担心飞走啦！

2．身体调节阶段（嵌入学习过程）

实施"3-5-3呼吸法"。

遇到难题前：3秒吸气→5秒屏息→3秒呼气（激活副交感神经）。

开发"数学手指操"。

配合计算节奏做手指操（如乘法口诀配合手指计数）。

三、游戏化学习系统

1. 家庭数学闯关计划

设置"段位"晋级制度。

"青铜"段位：独立尝试解题3分钟可得贴纸。

"白银"段位：自主使用 1 种解题策略得一枚勋章。

"黄金"段位：孩子教会家长解题可得"小老师证书"。

制作"数学能量'宝石盒'"。

每次自主解题获得"能量石"，集满兑换特别奖励（如亲子手工材料包）。

2. 生活数学探索项目

超市实战任务：

用 20 元购买水果（实践加减法）；

比较不同包装规格的商品，看看哪个更划算（渗透除法概念）。

厨房数学实验室：

用量杯进行分数实践（如调配"魔法药水"）；

用烤饼干理解时间概念（时间认知）。

四、关键沟通策略

1. 优势镜像对话法

"你作文里描述问题的能力，正是数学家需要的本领。"

"这幅画的空间布局，说明你已经具备了几何眼光。"

2. 错误解码技术

把错误表述为：这个答案里有 3 个正确的步骤，1 个待升级的步骤。

用手工材料演示错误原因（如用积木演示进位错误）。

五、家校协同方案

1. 与语文老师建立"优势迁移通道"

建议老师在作文批改时加入数学元素，如"这个比喻能帮助理解分数概念"。

2. 与数学老师协商"特别任务"

鼓励孩子申请担任班级数学画报设计师（将数学知识视觉化）。

3. 阶段目标与监测。

第 1 个月：建立数学学习"新仪式"，"数学情绪温度计"绿色出现率达 30%。

第 2 个月：在生活场景中自主发现数学问题（每周 2 次及以上）。

第 3 个月：单元测试中策略性步骤得分提高 50%。

建议从明天开始实施"数学手账本"计划，准备 A5 素描本和彩色笔，每天记录 1 个与数学相关的生活发现（如门牌号规律、树叶对称轴等）。前三周重点培养孩子的数学观察习惯，暂不涉及书面解题。当手账本积累到 10 页时，可以引导孩子发现：这些图案里其实藏着好多数学秘密呢！

请记住，这个阶段要像对待作文创作那样欣赏她的数学记录，避免评判对错。当数学逐渐与她的优势领域产生联结时，认知抵抗会自然消解，此时再介入解题策略指导，效果最佳。

下面对于第 3 点建议进行进一步的反馈。

提示词：

对于第 3 点建议，我在给她讲解作业的过程中已经尝试过了。为了引导她独立尝试解题，我通常不会直接给出答案，而是通过提问引导她思考。然而，她似乎对这种方式有些抗拒，不愿意回应这些问题，反而希望我直接给出解题方法和步骤。

DeepSeek 回复：

您描述的情况非常典型，展现了认知引导与情感需求之间的张力。当孩子对引导式提问产生抗拒时，这往往不是方法论的问题，而是执行层面的适配性需要调整。以下是结合孩子特点的进阶解决方案。

一、抗拒反应的深层解码

认知超载预警：

当问题超出当前工作记忆容量时，开放式提问反而会增加焦虑；表现为"大脑当机"的生理保护机制。

反馈延迟焦虑：

艺术型孩子对即时反馈需求更高；

思考过程的不确定性与其创作过程的可控性形成冲突。

社会镜像依赖：

将家长视为"外部认知器官"的潜意识模式；

通过模仿家长解题获得暂时性安全感。

二、三维度介入方案

1. 认知维度：搭建"问题阶梯"

实施"彩虹提问法"。

红色层（具象操作）：能用黏土捏出题目中的数量吗？

橙色层（符号转化）：把这些黏土变成数字。

黄色层（模式发现）：这两个数字间有什么特别的关系？

绿色层（策略选择）：小精灵会用加法还是乘法魔法？

蓝色层（验证预测）：实际结果和预测有什么不同？

每完成一层，奖励对应颜色的贴纸，形成可视化的思维进阶路径。

2. 情感维度：创设"安全舱"机制

设计"思考防护罩"仪式：

用她制作的手工作品搭建临时"思考角"；

佩戴"智慧发卡"作为心理锚点（特定发饰仅在独立思考时使用）。

使用"缓冲话术"：

求解这道题确实需要些"魔法"，我们先把它放进"待解宝箱"如何？（准备实物盒子，暂时搁置后通过其他活动迂回解决）

3. 行为维度：构建"双轨系统"

即时响应通道：

设立"锦囊墙"，提供有限提示卡（每天3张）；

每张卡片只提示解题方向（如注意隐藏的加倍关系）。

延时思考通道：

使用沙漏进行"考古挖掘"游戏：

让孩子在3分钟的沙漏时间内尝试自主解题；

若有剩余时间，可兑换线索卡片。

三、关键技巧升级

1. 沉默艺术运用

对孩子提问后主动保持沉默，用手指比出思考的手势；
用期待的眼神观察作业本而非孩子面部（减少对视压力）。

2. 错题故事化

将错误步骤编入冒险故事：
公主的马车本来要装 36 个苹果，侍卫误装了 27 个……
邀请孩子续写正确的结局（可用绘画本呈现）。

3. 逆向教学法（范德比尔特学习策略）

每周五举办"家庭数学展"；
孩子用绘画讲解本周学过的知识点（家长扮演学生）。

四、阶段过渡标志

抗拒期（1～2 周）：接受使用提示卡，能沉默思考 1 分钟。
转化期（3～4 周）：主动要求"再给我一个沙漏时间"。
内化期（5～6 周）：开始自创解题思路。

建议明天开始实施"彩虹提问法"，用彩色便笺纸将问题分层呈现。当孩子选择红色层问题时，可以立即回应：你选择了最具创意的入口！初期允许在孩子完成 2 个低阶问题后获得 1 次直接指导。

请特别注意：当孩子出现皱眉、咬笔等焦虑信号时，立即启动"思考防护罩"仪式，此时认知引导要让位于情感安抚。艺术型孩子的思维突破往往发生在情绪安全后的顿悟时刻，我们要做的是守护这个"心理孵化期"。

还可以请 DeepSeek 进行举例说明。

🗣 提示词：

对于"将家长视为'外部认知器官'的潜意识模式"，我不太理解，请你举一个通俗易懂的例子来解释一下这句话。

DeepSeek 回复：

我们可以用生活中常见的计算器依赖现象来比喻。

场景还原：

当孩子刚开始学算术时，如果每次遇到"38+17"这样的题目，家长都立即递上计算器说"在计算器上输入数字就能得到答案"，久而久之，孩子会把计算器视为自己"外挂的数字处理器官"——虽然计算发生在外部工具上，但大脑默认这是自己能力的一部分。

具体表现如下。

功能外置：就像总用计算器的人会忘记心算方法，孩子会将思考功能"外包"给家长。

能力错觉：如同觉得计算器按键是自己手指的延伸，孩子会误以为家长的解题能力属于自己。

能力萎缩：长期依赖家长的指导，会导致大脑相关神经通路缺乏锻炼（就像长期用导航的人会丧失认路能力）。

更贴切的例子：

想象孩子是乐高建造师，每次遇到复杂拼接都让家长代替自己操作。虽然最终组装的作品很漂亮，但孩子的手指始终没有学会如何用力按压积木。久而久之：

孩子的手"长"在家长身上（功能外置）；

认为自己"会搭乐高"（能力错觉）；

实际独立操作时无从下手（能力萎缩）。

这种模式下，家长成为了孩子的"外接智能芯片"，表面上提升了效率，实则阻碍了孩子的自主思考能力的成长。就像长期用假肢走路的人，真正的腿部肌肉会萎缩一样，这种依赖关系会让孩子的"认知肌肉"（问题解决能力）逐渐退化。

当前您孩子的具体表现：

当她要求"直接给出解题步骤"时，本质上是在说："妈妈的大脑是我数学思维的 U 盘，需要时插上读取数据就好。"这不是懒惰，而是形成了错误的认知分工——把"存储功能"放在家长这里,"调用功能"留给自己。

可以看到 DeepSeek 给出了具体的案例。用户可根据 DeepSeek 的建议,结合自身的实际情况逐步推进,这样能更好地推动咨询进程,获得更有效的结果。

6.4 心灵解码:DeepSeek 助力心理咨询

现代生活下的人们可能有时会出现一些心理方面的问题,需要寻求疏解。当问题还处于较轻微阶段时,人们可以尝试与 DeepSeek 沟通,以便获得可行的建议,从而带来真正的改变。

接下来,我通过"失眠焦虑"案例介绍 DeepSeek 向用户提供心理咨询的过程。

提示词:

你是一位经验丰富的心理咨询师,擅长帮助来访者处理心理压力、缓解负面情绪,帮助他们更加自信地面对生活和工作中的挑战。我希望你能做我的心理咨询师,当我向你求助时,请根据你的经验向用户提出问题,但每次只问一个问题,通过我的回答帮助你更好地了解我。当你收集到足够的信息后,请给出建议。我的问题是:我最近经常失眠,影响了工作。有一天因为失眠,我把报告中的重要数据写错了,领导对此很不满。失眠让我情绪焦躁,晚上越紧张我越睡不着,感觉快崩溃了。我该怎么办?

DeepSeek 回复:

你能告诉我你日常的作息时间是怎样的吗?能告诉我你的失眠是从什么时候开始的吗?

DeepSeek 在收到我的消息后,询问了我的失眠情况和作息时间。于是,我将这些信息加入提示词并发送给 DeepSeek。

提示词：

在失眠之前，我通常晚上大约 10:30 上床，早上 7:00 左右起床。但自从两周前开始失眠后，我的作息变得很不规律。

DeepSeek 回复：

在失眠开始前的两周，你的工作或生活中有没有发生什么让你感到压力特别大或特别焦虑的事情？

DeepSeek 进一步询问了我是否有情绪困扰，是否面临压力，要求我提供更多与情绪和生活环境相关的情况。我回忆起失眠开始时的情况。

提示词：

失眠的第一天，我和同事开了一个很重要的电话会议，一直开到午夜 12 点多。会议结束后，我还要给领导写会议纪要，以便第二天领导能看到。会议进展不顺，我和同事在一个关键问题上没达成一致。写纪要时，我感到非常无助，觉得自己没能做好工作。直到第二天的凌晨 2:30，我才匆忙完成纪要并发送给领导。之后，我躺在床上，焦虑不安，担心第二天会被批评。果然，第二天领导批评了我。一整天，我心情都不太好，晚上也睡不着，从此陷入了恶性循环。

DeepSeek 回复：

根据你的描述，失眠的核心触发点似乎是那次高强度会议带来的压力和自我否定，而后续的批评又强化了这种压力。

在这两周的失眠期间，你有没有尝试过一些方法来缓解失眠或焦虑情绪？如果有，效果如何？

用户可以根据 DeepSeek 的回复，与其进行深度对话或进行灵活的对话。用户还可以让 DeepSeek 给出缓解失眠的方法。

提示词：

我尝试过听轻音乐或想象愉快的场景来缓解失眠，但效果不明显。我总是不自觉地看时间，发现已经很晚了，还是睡不着，想着明天还得上班，焦虑感加剧。请问还有其他有效的助眠方法吗？

DeepSeek 回复：

从你的描述来看，你已经尝试了一些常见的放松身心的方法，但效果有限。这可能是因为你对焦虑情绪和睡眠的过度关注进一步加剧了失眠问题。为了更好地帮助你解决这种问题，我想进一步确认一个关键点。

当你躺在床上无法入睡时，脑海中反复出现的具体念头是什么？（例如"明天又要犯错""领导对我失望了"或是其他画面/声音？）

这一步能帮助我们定位焦虑的"燃料"，从而制定针对性的应对策略。

DeepSeek 有时会以不同方式为用户提供解决方法，但只要用户能详细描述自己的情况，都能获得有益的建议。

6.5 法盾行动：DeepSeek 助力劳动权益保卫战

在日常生活中，我们常常需要与法律条文打交道，但由于我们不是专业人士，遇到问题时常常不知道该引用哪部法律或哪些条文。DeepSeek 的出现，为我们提供了一个解决方案。

提示词：

你是一位资深律师，熟悉《中华人民共和国劳动合同法》等相关法律，曾帮助许多人维护权益。我希望你担任我的律师，针对我在职场上遭遇的不公待遇，提供合理的解决方案。请记住，我是一名中国员工，服务的也是中国本土企业，因此请根据《中华人民共和国劳动法》及相关法律解答我的问题。我的问题是："我是一名中国员工,最近公司要辞退我,理由是我的绩效差,但不给我任何经济补偿金。公司这样做合法吗?"

DeepSeek 回复:

根据《中华人民共和国劳动合同法》(以下简称《劳动合同法》)及相关法律规定,公司以绩效差为由裁员且不支付任何赔偿金的行为可能不符合法律规定。以下是具体分析和建议。

- 公司裁员的合法性

根据《劳动合同法》第四十条规定,劳动者不能胜任工作,经过培训或者调整工作岗位,仍不能胜任工作的,用人单位可以解除劳动合同。然而,公司解除合同时必须满足以下条件:

公司有明确且合理的绩效考核标准,并且员工知晓这些标准;

绩效考核结果经过员工确认,且公司能够证明员工确实不能胜任工作;

公司必须履行培训或调岗程序,员工在培训或调岗后仍不能胜任工作。

如果公司未履行上述程序,仅以绩效差为由解除劳动合同,可能涉嫌违法。

- 公司是否需要支付经济补偿金

根据《劳动合同法》第四十六条规定,用人单位依照第四十条规定解除劳动合同的,应当向劳动者支付经济补偿。经济补偿金的计算标准为:

每工作满一年支付一个月工资,六个月以上不满一年的按一年计算,不满六个月的支付半个月工资。

如果劳动者月工资高于当地上年度职工月平均工资的三倍,补偿标准按三倍计算,且补偿年限最高不超过十二年。

如果公司未支付经济补偿金,则属于违法行为。

- 公司是否需要支付经济补偿金的双倍

如果公司未按照法定程序解除劳动合同(如未履行培训或调岗

程序），则属于违法解除。根据《劳动合同法》第八十七条规定，用人单位违反本法规定解除或者终止劳动合同的，应当依照本法第四十七条规定的经济补偿标准的二倍向劳动者支付赔偿金。

• 解决方案

要求公司提供证据：要求公司提供绩效考核的具体标准、评分依据以及培训或调岗的记录。如果公司无法提供充分证据，其解除合同的行为可能被认定为违法。

主张法定权益：如果公司未支付经济补偿金，您可以要求其支付 N（经济补偿金）或 $2N$（赔偿金）的补偿。

保留证据：保留与公司沟通的所有记录，包括邮件、短信、录音等，以及劳动合同、工资单、绩效考核文件等。这些证据在后续的法律程序中可能起到关键作用。

采取法律行动：如果公司拒绝支付经济补偿金或赔偿金，您可以向劳动仲裁委员会申请仲裁，要求公司支付经济补偿金或赔偿金。

• 总结

当发生公司以绩效差为由裁员但不支付经济补偿金的事情时，您可以通过要求公司提供证据、主张法定权益、保留证据并采取法律行动来维护自己的合法权益。如果需要进一步帮助，建议咨询专业律师或劳动仲裁部门。

注：上述中关于《劳动合同法》条款的描述，只是 DeepSeek 的解读，文字上会与具体的条款有一定出入。更确切的文字描述，请读者查阅《中华人民共和国劳动合同法》。

DeepSeek 快速查找了相关法律，给出了企业裁员应遵循的程序。我阅读了 DeepSeek 的建议后，进一步就"劳动者不能胜任工作，经过培训或者调整工作岗位，仍不能胜任工作的，用人单位可以解除劳动合同"这一点进行确认。

💬 提示词：

我入职时与企业签订的合同中有这样一个条款："当员工不能

胜任工作时,企业有权解雇员工。"我在公司工作了3年,前两年的绩效考评结果为中等偏上,今年的绩效却被评为最低,因此,领导表示我无法胜任工作,要按照合同解雇我。我认为公司这样做不合理,如何证明自己能够胜任工作呢?

DeepSeek 回复:

根据您的描述,公司以绩效差为由解雇您,并且未提供任何经济补偿金,这种行为可能涉嫌违反《中华人民共和国劳动合同法》的相关规定。以下是您可以采取的行动。

- 分析公司行为的合法性

根据《劳动合同法》第四十条规定,劳动者不能胜任工作,经过培训或者调整工作岗位,仍不能胜任工作的,用人单位可以解除劳动合同。然而,公司需要满足以下条件:

公司必须有明确、合理的绩效考核标准,并且您知晓这些标准;

公司需要将绩效考核结果告知您本人,并且您有机会提出异议;

公司需要提供培训或调岗的机会,且您在培训或调岗后仍不能胜任工作;

公司解除劳动合同时,应当提前三十日以书面形式通知您,或者额外支付一个月工资。

如果公司未履行上述程序,仅以绩效差为由解除劳动合同,可能涉嫌违法。

- 证明您能够胜任工作

您可以从以下几个方面证明自己能够胜任工作。

绩效纪录:提供前两年中等偏上的绩效纪录,证明您此前能够胜任工作。

工作成果:提供工作成果、项目报告、客户反馈等客观证据。

同事和上级评价:提供同事或上级的正面评价,证明您的工作能力和态度。

考核标准合理性:指出公司绩效考核标准是否明确、合理,是否存在主观性或不公正之处。

培训和调岗机会：提供公司未提供培训或调岗机会，直接以绩效差为由解除劳动合同的证据。

- 实施应对策略

内部申诉：根据公司内部的绩效申诉流程，向人力资源部门或上级领导提出申诉，要求重新评估绩效。

劳动仲裁：如果公司拒绝你的合理申诉，您可以向劳动仲裁委员会申请仲裁，要求公司支付违法解除劳动合同的赔偿金。

法律诉讼：如果您对仲裁结果不满意，您可以向法院提起诉讼，维护自己的合法权益。

- 总结

公司以绩效差为由解雇您且不支付经济补偿金的行为可能涉嫌违法。您可以通过内部申诉、劳动仲裁或法律诉讼等途径维护自己的合法权益。建议您尽快收集相关证据，并咨询专业律师获得进一步的帮助。

我接着问 DeepSeek 如何追回经济补偿金。

提示词：

我能接受被辞退，但无法接受公司不给任何经济补偿金。毕竟我在工作中没有犯大错，也没有给公司造成损失。我该如何追回经济补偿金？

DeepSeek 回复：

根据《中华人民共和国劳动合同法》及相关法律规定，您在面对公司以绩效差为由解雇您且不支付任何经济补偿金的情况时，可以采取以下措施来追回您的经济补偿金。

- 确认解除劳动合同的合法性

首先，您需要确认公司解除劳动合同的行为是否合法。根据《劳动合同法》第四十条规定，如果劳动者不能胜任工作，即使经过培训或者调整工作岗位后仍不能胜任工作，用人单位可以解除劳动合同。但是，用人单位必须提前三十日以书面形式通知劳动者本人或者额外支付劳动者一个月工资，才可以解除劳动合同。

- 计算应得的经济补偿金

如果公司解除劳动合同的行为合法，您仍然有权获得经济补偿金。根据《劳动合同法》第四十七条规定，经济补偿按劳动者在本单位工作每满一年支付一个月工资的标准向劳动者支付。六个月以上不满一年的，按一年计算；不满六个月的，向劳动者支付半个月工资作为经济补偿。

- 收集证据

在准备追回赔偿金的过程中，您需要收集以下证据。

劳动合同：证明您与公司之间的劳动关系。

绩效考核纪录：包括您前两年中等偏上的绩效和今年被评为最低的绩效纪录。

工资单：证明您的工资水平，用于计算经济补偿金。

解雇通知：公司发出的解雇通知，包括解雇理由和日期。

培训或调岗记录：如果公司提供了培训或调岗机会，相关记录可以证明公司是否履行了法定程序。

- 内部申诉或协商

在采取法律行动之前，您可以尝试通过内部申诉或与公司协商来解决问题。向公司的人力资源部门或上级领导提出申诉，要求重新评估绩效或支付应得的经济补偿金。如果公司同意重新评估或支付补偿金，可以避免进一步的法律纠纷。

- 劳动仲裁

如果内部申诉或协商无果，您可以向当地的劳动仲裁委员会申请仲裁。在仲裁申请中，您需要提供上述收集的证据，以证明公司解除劳动合同的行为违法或未支付应有的经济补偿金。根据《劳动合同法》第七十七条规定，劳动者合法权益受到侵害的，有权要求有关部门依法处理，或者依法申请仲裁、提起诉讼。

- 法律诉讼

如果您对劳动仲裁结果不满意，或者公司未在规定时间内响应仲裁裁决，您可以向人民法院提起诉讼。在诉讼过程中，法院将根据您提供的证据和相关法律规定，判断公司解除劳动合同的行为是否合法，以及您是否有权获得经济补偿金。

- 赔偿金的追回

如果仲裁或法院判决公司应支付经济补偿金，而公司拒绝支付，您可以申请法院强制执行。根据《劳动合同法》第八十七条规定，用人单位违反本法规定解除或者终止劳动合同的，应当依照本法第四十七条规定的经济补偿标准的二倍向劳动者支付赔偿金。

- 注意事项

在追回赔偿金的过程中，您需要注意以下几点。

证据保全：确保所有证据都是完整和有效的，以便在仲裁或诉讼中使用。

法律咨询：在整个过程中，建议咨询专业律师，以获得更专业的法律帮助。

DeepSeek 提供了一个解决方案：首先尝试与企业进行谈判，如果谈判无果，则可以提起劳动仲裁，依法维护自己的权益。在整个咨询过程中，DeepSeek 基本能够胜任法律助理的角色，提供与《劳动合同法》相关的专业指导和建议，帮助我们理解法律条文并根据实际情况制定应对策略。

第 7 章
智能营销革命：DeepSeek 驱动的流量裂变方程式

DeepSeek 作为新一代智能创作引擎，集成了三大核心能力：智能文案生成、实时数据分析和知识图谱构建。这三种能力的有机融合，正在重新定义数字营销的生产力边界。基于深度学习算法，DeepSeek 能够输出定制化的广告文案。无论是知识付费课程推广、电商产品"种草"，还是品牌形象塑造，DeepSeek 都能在极短时间内输出专业级营销文案的初稿，为营销团队提供高质量的文案创作起点。

在实际应用中，我们可以采用"AI 初稿＋人工精修"的双轮驱动模式：DeepSeek 负责完成基础创作，产出多版本备选方案；运营团队则专注于创意点睛，为文案注入品牌调性和情感温度。这种协作模式可以大大提升内容生产效率，同时确保内容的产出质量。更值得关注的是，DeepSeek 具备智能迭代能力，可根据用户的反馈，自动优化文案结构、调整情感倾向、匹配用户偏好，让文案的质量持续提升。

7.1　IP 运营实战：DeepSeek 的留客法则

在私域流量运营领域，微信朋友圈（简称朋友圈）已悄然进化为个人 IP（也叫个人品牌）孵化的战略高地。数据显示，优质的朋友圈内容具有较高的日均触达率和转化率，在社交平台中位于前列。通过 DeepSeek 的智能赋能，个人 IP 运营者可将朋友圈打造为高转化率的私域流量池,实现品牌价值与商业价值的双重提升。

提示词:

你是一位专业的朋友圈运营人员,擅长撰写真诚且富有专业性的文案,以有效推广产品。我的需求是:推广 DeepSeek 程序员入门课程。

DeepSeek 回复:

想转行做程序员但总在起跑线附近徘徊?

自学编程,总在语法和报错里"兜圈子"?

渴望系统学习却找不到好的课程?

DeepSeek 程序员培训班正式启航:

√ 大互联网公司的架构师参与课程设计;

√ 200 多个企业级代码案例库;

√ 从 Python 到 AI 全栈覆盖;

√ 7×12 小时在线答疑。

本课程的三大核心竞争力:

贴近实际的实战项目库(电商/金融/物联网);

智能测试训练系统;

一对一职业路径规划(匹配大互联网公司的岗位需求)。

适合人群:

想转向编程工作的人士;

渴望系统提升编程技能的程序员。

扫码领取试听课(含项目演练视频课)。

[课程二维码配图]

这段由 DeepSeek 生成的朋友圈文案还有提升空间,用户可以持续与 DeepSeek 进行对话,让 DeepSeek 继续输出高质量的文案。

7.2 DeepSeek 的公众号"爆款软文"生产流水线

DeepSeek 擅长生成自然、流畅、富有创意的广告文案。以公众号广告文案为例，假设一家运动鞋厂找到我们，希望通过我们的公众号推广其生产的一款运动鞋，并借"白领+运动鞋"的创意组合吸引顾客。接下来，我们用 DeepSeek 输出这则广告文案。

提示词：

你是一位资深的广告文案专家，擅长通过真挚、逻辑严谨且富有专业精神的文字推广产品。现在，请你创作一篇公众号文章，用于推广一款运动鞋。文章的长度为 1000 字，以"那天，女朋友送我一双运动鞋"为题，讲述一个温馨感人的故事，文末附上产品推广信息。

DeepSeek 回复：

文案标题： 那天，女朋友送我一双运动鞋

（全文约 1000 字，阅读时间 3 分钟）

一、意外礼物：藏在鞋盒里的"重启人生"按钮

上海的梅雨季正闷得人透不过气，我"瘫"在沙发上看手机里的信息，膝盖隐隐作痛——连续三个月赶项目，连健身房年卡过期都没察觉。这时，女友突然把浅灰色的鞋盒推到我面前，并说：试试看？

盒子里"躺"着一双月白色的跑鞋，流线型的鞋面泛着织物的柔光。我下意识地摸向鞋跟处的蜂窝状镂空设计并自言道："这得多少钱……"话没说完就被她瞪了回去。她蹲下来帮我系鞋带，马尾辫扫过鞋盒上的烫金 Logo："AEROFLY 云迹系列"。

二、36 码与 43 码的共同进化论

第一次穿它夜跑时，黄浦江的风裹着水汽扑面而来。鞋的前掌落地的瞬间，某种类似气垫又比气垫更韧的触感从脚底漫上来，像有人轻轻托着足弓向前推送。跑完 3 千米时，我突然意识到膝盖没有熟悉的刺痛了——后来才知道，这双 43 码的跑鞋的中底运用了超临界发泡技术，减震效果很好。

更让我意外的是，女友开始陪我晨跑了。她穿着旧运动鞋（36

码)跟在我身后。"原来你送鞋是给自己找私教?"我边喘气边笑着说。她指着鞋舌上的"AERO DYNAMIC"字样说:"这叫共同进化系统,懂吗?"

三、藏在细节里的秘密

有次出差淋了雨,我把湿透的鞋塞进行李箱的角落里。三天后我打开行李箱把这双跑鞋拿出来时,鞋面竟没有预料中的霉味。翻看产品手册才知道,立体飞织鞋面用的竟是深海渔网回收材料,每平方厘米上有128个透气孔,还自带银离子抑菌涂层。

四、给生活一个轻盈的支点

在项目庆功宴上,合伙人凝视着我问道:"最近状态这么好?"我晃了晃手机让他看,屏幕上是我参加完马拉松后的照片。照片中,我穿的跑鞋"云迹"在浦东滨江的晨光的照耀下格外显眼。

"云迹"系列跑鞋的核心技术清单:

AEROFRAME 3.0 骨骼系统;

DYNAMIC FOAM 智能缓震;

OCEANWEAVE 环保鞋面。

致所有在水泥路上、森林里寻找风的人,

即日起至8月31日:

购鞋即赠"双人城市微型马拉松地图";

晒情侣跑合影抽×××马拉松名额。

传播逻辑拆解

情感锚点:以"礼物"建立产品与亲密关系的强关联。

技术故事化:将特色转化为"系鞋带""防霉"等生活场景。

建立信任链:渔网回收材料等增强可信度。

DeepSeek 提供的这则广告文案总体上满足了基本要求。我们可以以此为初稿进行人工润色。

7.3 "种草"经济解码:DeepSeek 的小红书爆款笔记"炼金术"

假设作为小红书的优质创作者,我们荣幸地收到一家知名美妆品牌的推广合作邀请。品牌方希望借助我们的小红书账号,推广一款销售量不错且备受好评的产品。为了吸引更多用户的关注,我们以"时尚+美妆"的创意组合,打造独具一格的广告文案。接下来,我们用 DeepSeek 来"创作"这则广告文案。

提示词:

你是一位资深的广告文案专家,擅长用真诚、逻辑清晰且富有创意的文字推广产品。现在,请你创作一篇小红书笔记,用于推广一款"美妆蛋"。全文约 500 字,讲述一个容易引起共鸣的故事,文字要严谨,文末附上产品推广信息及购买链接。

DeepSeek 回复:

美妆达人们,我的化妆救星来啦!

小伙伴们!今天想和大家分享一个让我很感动的小故事,还有我最近发现的化妆宝藏——一款超好用的"美妆蛋"!

你有没有过这样的经历?早上急急忙忙化妆,结果粉底"卡得"一脸尴尬,整个妆容看起来斑驳不堪。我就经常这样,尤其是用那些硬邦邦的粉扑时,妆感重得像戴了张面具,真是欲哭无泪啊!

直到有一天,我在闺蜜的推荐下,试用了这款"美妆蛋"。当时只是随手一试,没想到,它彻底改变了我的化妆体验!

这款"美妆蛋"软软糯糯的,像棉花糖一样,摸起来很舒服。我试着用它上粉底,哇!妆感很自然,一点也看不出粉痕,整张脸都变得细腻光滑了!

而且,它的形状设计很贴心,有斜面、平面,还有尖尖的角,脸上的每个角落它都能照顾到。鼻翼、眼下这些小地方,都能轻松上妆,再也不用担心有遗漏了。

最让我惊喜的是,这款"美妆蛋"还特别耐用,用了好几个月,还是那么软,没有变形,也没有掉渣。清洗起来也很方便,用清水冲一冲就干净如新了。

自从有了它,我的化妆速度都快了不少,早上能多睡一会儿,真是太幸福了!

如果你也在为化妆"卡粉"、妆感重烦恼,不妨试试这款"美妆蛋"。相信我,它一定会给你带来惊喜的!

点击链接,立刻拥有它,开启你的完美妆容之旅吧! [产品购买链接]

DeepSeek 提供的这则推广文案整体质量很高,满足了我们的基本要求。我们可以将其作为初稿,再进行人工润色。

7.4 流量引爆器:DeepSeek 短视频脚本的吸睛之力

7.3 节中提到的美妆品牌对我们"创作"的小红书文案很满意,想继续借助我们短视频的影响力展开推广。我们还以"时尚+美妆"的创意组合。用 DeepSeek"创作"一个视觉效果出彩、情感体验丰富的短视频脚本。

提示词:

你是一位短视频创作者,拥有百万粉丝,擅长创作诙谐幽默的视频脚本。请将下面的文稿改编为一个短视频脚本,分为 12 个镜头。要求脚本的风格轻松幽默,能够吸引住观众,并在视频末尾加入产品推广信息。

文稿:

大家好!说起早晨的化妆,总觉得自己像在上演一场极速挑战。那天早上,我赶着出门,急匆匆地拿起那款平时一直赖以省时的"美妆蛋",打算快速完成妆容。没想到,在我正专注地上粉底时,这小家伙突然一个"背摔",滚到了洗手池旁边！当时我尴尬地捡起它。那一刻,我也忍不住笑了——原来连美妆工具也会跟我开个小玩笑。

事后,我开始认真研究这款"美妆蛋",发现它不仅抗摔、耐用,还能让我的妆容更加服帖自然。正是它那次突如其来的"意外演出",让我深刻体会到:生活中总有些小插曲,但只要我们能笑着面对,就能把压力化作快乐。每次使用它,我总会想起那天的搞笑瞬间,心情瞬间就会明朗起来。

如果你也曾经历过匆忙中小小的尴尬,不妨试试这款"美妆蛋",它不仅能帮你迅速搞定妆容,更能在忙乱的早晨给你带来一丝温馨与幽默！

这款"美妆蛋"采用高品质硅胶,柔软亲肤,易清洗,经久耐用,是你打造完美妆容的得力助手。

购买链接:xxx.com/beautyblender

快来体验它,让它带给你全新的化妆乐趣吧！

DeepSeek 回复:

短视频脚本:"美妆蛋"的叛逆时刻(轻松搞笑风格)。

[镜头1](特写:手机闹钟发出震动)

手机屏幕显示"7:30 AM"(夸张的闹铃音效)。

画外音(语速超快):"新的一天！新的极限挑战！"

[镜头2](俯拍全景)

女主(扎着冲天辫)穿着睡衣从床上"弹射"起来(慢动作+音效)。

字幕:"当代都市丽人在晨间奔跑。"

[镜头3](浴室镜子前、中景)

女主左手刷牙右手梳头(画面采用镜像,女主左右手动作错乱)。

画外音:"每个早晨,我都是时间管理大师！"

[镜头4](特写慢镜头)

粉色"美妆蛋"被高高举起(特效+有趣的音效)。

[镜头5](第一视角晃动镜头)

用"美妆蛋"在脸上快速"拍打"（加音效）。

女主（喘气声）："还有3分钟！"

[镜头6]（戏剧性慢镜头）

"美妆蛋"突然脱手弹跳（弹簧音效+夸张的轨迹线）。

女主瞪大双眼（瞳孔特效）。

字幕："危！美妆工具叛逃了！"

[镜头7]（俯视镜头）

"美妆蛋"在洗手台边缘反复横跳（弹球音效+循环3次）。

女主（画外音）："这玩意儿会杂技？"

[镜头8]（全景、推门视角）

男朋友正巧看见（定格画面+震惊表情包特效）。

两人四目相对（乌鸦叫声+落叶飘过）。

[镜头9]（快速剪辑"蒙太奇"）

女主（尴尬地捡起"美妆蛋"）+男朋友（憋住笑快走）+窗外鸟群惊飞（连环爆笑音效）。

[镜头10]（实验室风格）

女主角戴金丝眼镜（学术场景+相应氛围的背景音乐）。

"美妆蛋"弹力测试（抗摔值超高）。

对比实验：普通海绵vs硅胶蛋。

[镜头11]（魔性小剧场）

"美妆蛋"拟人化跳舞（荧光特效）。

气泡字幕："美妆蛋的三大绝技：弹得高！吃得少（粉底）！洗得白！"

[镜头12]（结尾视频定格）

女主抛接"美妆蛋"——杂耍（成功接住时烟花特效）。

超大动态字幕："×××硅胶美妆蛋——专治手忙脚乱！"

购买链接从蛋壳里弹出（"叮"+金币音效）。

"点击购买链接，收获你的快乐！"

特效提示：
全程使用夸张、综艺性质的字幕（带抖动／渐变色效果）；
关键动作添加"咣当"等拟声词特效；
转场使用门铃等音效。

DeepSeek 根据我们提供的文稿给出了详细的分镜，读者可根据实际拍摄需要进行选择。不满意的地方可以直接让 DeepSeek 进行修改。

7.5 商业数据分析：DeepSeek 驱动精准营销决策

DeepSeek 不仅能够精准理解自然语言，还能对数据进行深入的商业分析，这些分析结果对制定精准的营销策略至关重要。利用 DeepSeek 完成数据分析的简便方法是，直接将数据以字符串形式输入提示词中，快速获取分析结果。

😊 提示词：

接下来，我将发给你一组数据，这些数据是某城市青少年编程班学员的基本信息，请你对这些数据的特点进行分析。数据如下（均为字符串格式）。

序号：1；姓名：张晨；性别：男；年龄：9 岁；家庭月收入：35 000 元；学校：第一小学；编程水平：中级；兴趣：游戏开发；家庭住址：1 号巷子，A 区。

序号：2；姓名：李婷婷；性别：女；年龄：8 岁；家庭月收入：32 000 元；学校：第二小学；编程水平：初级；兴趣：网页设计；家庭住址：2 号街道，B 区。

序号：3；姓名：王磊；性别：男；年龄：10 岁；家庭月收入：38 000 元；学校：第三小学；编程水平：高级；兴趣：机器人编程；家庭住址：3 号街道，C 区。

序号：4；姓名：赵敏；性别：女；年龄：9 岁；家庭月收入：36 000

元;学校:第四小学;编程水平:中级;兴趣:科学编程;家庭住址:4号街道,D区。

序号:5;姓名:陈浩;性别:男;年龄:8岁;家庭月收入:34 000元;学校:第五小学;编程水平:初级;兴趣:应用开发;家庭住址:5号街道,E区。

序号:6;姓名:刘芳;性别:女;年龄:10岁;家庭月收入:37 000元;学校:第六小学;编程水平:高级;兴趣:网络安全;家庭住址:6号街道,F区。

序号:7;姓名:孙刚;性别:男;年龄:11岁;家庭月收入:39 000元;学校:第七小学;编程水平:中级;兴趣:数据分析;家庭住址:7号街道,G区。

序号:8;姓名:周婷;性别:女;年龄:8岁;家庭月收入:33 000元;学校:第八小学;编程水平:初级;兴趣:游戏设计;家庭住址:8号街道,H区。

序号:9;姓名:吴明;性别:男;年龄:9岁;家庭月收入:35 000元;学校:第九小学;编程水平:中级;兴趣:网站开发;家庭住址:9号街道,I区。

序号:10;姓名:郑楠;性别:女;年龄:10岁;家庭月收入:36 000元;学校:第十小学;编程水平:初级;兴趣:人工智能;家庭住址:10号街道,J区。

DeepSeek 回复(见图 7-1):

序号	姓名	性别	年龄	家庭月收入	学校	编程水平	兴趣	家庭住址
1	张晨	男	9岁	35 000元	第一小学	中级	游戏开发	1号巷子,A区
2	李婷婷	女	8岁	32 000元	第二小学	初级	网页设计	2号街道,B区
3	王磊	男	10岁	38 000元	第三小学	高级	机器人编程	3号街道,C区
4	赵敏	女	9岁	36 000元	第四小学	中级	科学编程	4号街道,D区
5	陈浩	男	8岁	34 000元	第五小学	初级	应用开发	5号街道,E区
6	刘芳	女	10岁	37 000元	第六小学	高级	网络安全	6号街道,F区
7	孙刚	男	11岁	39 000元	第七小学	中级	数据分析	7号街道,G区
8	周婷	女	8岁	33 000元	第八小学	初级	游戏设计	8号街道,H区
9	吴明	男	9岁	35 000元	第九小学	中级	网站开发	9号街道,I区
10	郑楠	女	10岁	36 000元	第十小学	初级	人工智能	10号街道,J区

图 7-1 DeepSeek 回复

根据提供的数据，得出以下分析结果。

年龄与性别：样本包含 10 名学员，年龄介于 8 和 11 岁之间，年龄分布均衡；男女比例均衡，各占 50%。

家庭收入：家庭月收入在 32 000 元至 39 000 元，整体水平较为接近，均处于中等收入群体。

编程水平：学员中编程水平为初级和中级的各占 40%，而编程水平为高级的仅占 20%，表明大部分学生仍处于编程入门和初步掌握阶段。

兴趣爱好：学员兴趣多样，涵盖游戏开发、网页设计、机器人编程、科学编程、应用开发、网络安全、数据分析、游戏设计、网站开发及人工智能，反映出学员对不同编程领域均有尝试和探索。

学校与住址：每位学员来自不同的小学，家庭住址有序排列。

总体而言，这组数据展示了均衡且多样化的样本，既反映出孩子编程兴趣的多元化，也为进一步制定精准的市场策略提供了依据。

DeepSeek 帮我们将数据整理成表格，还能依据这些字符串数据，分析学员的年龄分布、家庭收入情况、编程水平与兴趣的关联等，为我们提供全面的数据洞察，助力后续营销策略的制定。

在本例中，我们直接通过 DeepSeek 输入框一次"喂入"数据，数据以字符串形式传入，其结构相对简单。然而，实际商业数据往往规模庞大且结构复杂。DeepSeek 现已内置数据分析功能，支持直接上传文件，并对文件内容进行全面解析。

例如，这里有一份 Excel 格式的大模型的 token 消耗数据（见图 7-2）。

图 7-2　Excel 格式的文件

注：表中的 token 价格为估值，仅用于举例，具体价格以官方公布的数据为准。

将 Excel 文件通过 DeepSeek 官网的上传按钮或者直接拖曳到输入框中的方式上传给 DeepSeek，如图 7-3 所示。

图 7-3　上传文件

提示词（见图 7-4）:

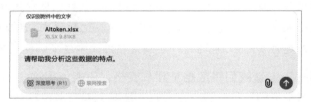

图 7-4　输入提示词

DeepSeek 回复：

该数据集对比了多款 AI 模型的 token 价格、性能及特点，以下为分析结果。

- 价格分布

最高价：OpenAI GPT-4o（0.1 美元 / 千 token），参数规模大（2000 亿），适合高端商业场景。

最低价：DeepSeek-V3（0.015 美元 / 千 token）和 DeepSeek R1（0.02 美元 / 千 token），参数规模大，性价比突出，适合开发场景。

中端价格：集中在 0.03～0.08 美元 / 千 token，如 Bing AI 3.0、Kimi 1.5 等，适合对成本敏感且需特定优化的场景。

- 参数规模与价格关系

正相关但不绝对：参数规模越大通常价格越高，但存在例外。

DeepSeek-V3（6710亿参数）价格仅0.015美元/千token。

- 性能与场景适配

……

- 性价比推荐

……

- 其他特点

开源优势：DeepSeek-V3、Meta Llama 3.1支持开源，适合开发者社区。

训练成本差异：GPT-4o训练成本高，而DeepSeek-V3训练成本低。

建议

选择大模型需结合场景需求（如推理速度、多语言）、预算限制及性能优先级。若预算充足，GPT-4o为首选；若侧重性价比和开源生态，DeepSeek系列更具优势。

有了文档上传功能，DeepSeek能处理各种数据，建议各位读者亲自试用一下，体验这一工具在商业决策中的应用。

第 8 章
增效教育：DeepSeek 重塑未来学习范式

在知识爆炸的时代，DeepSeek 凭借其强大的语义理解与生成能力，正在重新定义教育场景的边界。作为智能教育助手，它不仅具备跨学科的广博知识储备（覆盖数学、科学、语言等学科），更能通过在线实时交互的方式为用户构建起个性化的学习支持系统，帮助用户快速掌握新知识。

8.1 DeepSeek 助力深度阅读：从快餐式阅读到知识内化的蜕变

随着移动互联网的普及，我们的阅读方式也发生了巨大变化。如今，大多数人习惯于快速扫视文章和图书内容，仅仅捕捉文本的表层含义。这种快餐式的阅读方式虽然能帮人们迅速增加阅读量，但往往会导致知识理解不够深入、体系不够完整，从而难以达到能力的提升。

为了解决这一问题，我们开始倡导深度阅读。深度阅读不仅要求我们辨析关键概念、追溯知识的源头，更需要我们举一反三、把所学付诸实践，从而真正将知识内化为自身能力。具备"深度思考"和"联网搜索"功能的 DeepSeek 在这方面能发挥极大的作用，助力我们更全面地掌握和运用知识。

提示词：

你是一位资深的读书博主，博览群书、涉猎广泛，精通心理学、社会学、计算机、历史、文艺、音乐等多个领域的知识。请担任我的阅读顾问，帮助我深入理解并分析书中的核心观点。

DeepSeek 回复：

好的，我将以跨学科思维为您解析图书内容，以下是具体方法框架。

- 核心观点解构术

三层次定位法：快速识别作者的论述结构（论点金字塔/证据链/反驳体系）。

例如，解析《枪炮、病菌与钢铁》时，用地质层模型拆解"地理决定论"的推演逻辑。

概念光谱分析法：绘制关键术语在相关学科中的定义差异图谱。

如分析《人类简史》中"虚构故事"的概念时，将其与语言学中的理论、社会学中的集体表象说对比。

- 跨学科连接矩阵

建立5维度关联模型（以下为示例）：

心理学透镜 → 动机分析；

技术哲学视角 → 工具理性批判；

战争史坐标 → 暴力演化轨迹；

音乐结构论 → 叙事节奏解构；

社会网络理论 → 关系动力学。

- 批判性思维脚手架

"质疑三棱镜"：

证据可靠性检验（数据来源/样本偏差/时代局限）；

逻辑脆弱点扫描（错误归因/概念偷换）；

价值预设解绑（揭露隐含的意识形态立场）。

- 知识迁移训练场

设计跨界思辨练习:

用计算机的递归算法重释《道德经》的"道生万物"思想;

以军事领域的循环模型分析《孙子兵法》的现代管理应用;

借量子纠缠理论重新诠释《小王子》的驯养关系哲学。

实践建议:请提供您正在阅读的书的名称及具体困惑点,我将为您

绘制该书的知识拓扑图;

设计跨学科思考实验;

推荐3～5本可与此书对照阅读的图书。

通过这种方式,我们不仅能获得 DeepSeek 对书中内容的精准解读,还能在与 DeepSeek 的讨论中激发更多思考,从而使深度阅读真正落到实处。

提示词:

介绍《小王子》这本书。

DeepSeek 回复:

《小王子》是法国作家安托万·德·圣-埃克苏佩里于1942年写成的著名儿童文学短篇小说。本书的主人公是来自外星球的小王子,书中以一位飞行员作为故事叙述者,讲述了小王子从自己星球出发前往地球的过程中,所经历的各种历险。作者以小王子的孩子式的眼光,透视出成人的空虚、盲目、愚妄和教条,用浅显天真的语言写出了人类孤独寂寞、没有根基、随风流浪的命运。

我们可以针对具体细节来进行深度询问。

提示词:

介绍书中玫瑰的故事,以及它的寓意。

DeepSeek 回复：

《小王子》中的玫瑰是全书中最复杂的隐喻载体，在不同维度上解构了人类关系的本质。以下从文本细节与跨学科视角进行剖析。

一、玫瑰故事的拓扑图

1. 星际起源

文本细节：玫瑰以"种子迸发"的形式突然出现，晨露中绽放的完美姿态暗含造物悖论。

符号学解码：玫瑰芽孢的爆发式生长隐喻"爱欲的创伤性降临"。

2. 刺的辩证（虚荣与守护）

行为经济学分析：玫瑰刻意展示四根刺的行为，符合"成本沉没策略"。

植物神经生物学：现代研究证实植物应激反应机制，解构玫瑰"咳嗽"的拟人化叙事。

第二十一章：狐狸的训诫（驯养关系再定义）

关键对话："我根本不需要你，你也根本不需要我……但如果你驯养了我……"

拓扑心理学模型：狐狸提出的"驯养时间－空间矩阵"重塑玫瑰的独特性认知。

时间维度：仪式感构建的时序锁定。

空间维度：麦田金发的色彩锚定。

二、玫瑰的隐喻维度

- 存在主义镜鉴

玫瑰的"脆弱专制"演绎萨特"自欺"概念：用伪装的强大掩盖生存焦虑。

- 控制论模型

玫瑰与小王子的互动符合负反馈调节系统："抱怨－逃离－思念"构成动态平衡。

- 量子神秘主义

薛定谔的玫瑰：未被观测时的叠加态（B612 与地球花园的双重存在）。

三、现代性诊断书

气候寓言：玻璃罩下的玫瑰预示盖亚假说中生态系统的脆弱平衡。

思想实验：玫瑰的量子观测。

假设用双缝干涉实验装置观测玫瑰：

当小王子在场时（被驯养状态）→ 粒子性显现（具体可测量的刺与花瓣）；

当小王子离开时（自由态）→ 波动性主导（对玫瑰香的回忆）。

玫瑰的每次出现都在重构"关系"的定义边界，这个来自 B612 星球的矛盾体，最终成为检验人类认知维度的哲学"石蕊试剂"。

DeepSeek 可以对《小王子》一书进行深度解读，所以在学习新知识时，可以借助 DeepSeek 输出的内容加深对新知识的理解和记忆。

8.2　DeepSeek 助力在线测试：智能评估与个性化反馈

DeepSeek 可以作为一款先进的智能评估工具，不仅能够精准生成多领域测试题库，全面检测用户的知识掌握程度，更能通过智能化的评估系统，为用户提供个性化的学习反馈。其强大的模拟功能可还原多样化的教学场景与评估环境，帮助用户深入检验学习成效，识别知识盲点，从而为用户制订更有针对性的学习计划，实现高效的知识巩固与能力提升。

提示词：

你是一位小学六年级的数学老师，请解答下面的数学题。

小明有一些苹果，如果他每天吃 3 个，吃完这些苹果所需的天数比原计划多 1 天；如果他每天吃 4 个，吃完这些苹果所需的天数比原计划少 1 天。问小明一共有多少个苹果？

DeepSeek 回复：

好的，我来组织一下这个数学问题的解答过程，使其更加清晰易懂。

题目回顾

小明有一些苹果，如果他每天吃 3 个，吃完这些苹果所需的天数比原计划多 1 天；如果他每天吃 4 个，吃完这些苹果所需的天数比原计划少 1 天。问小明一共有多少个苹果？

解答步骤

1. 设定变量

设小明原计划吃完苹果的天数为 t 天，苹果的总数为 N。

2. 分析情况一

如果小明每天吃 3 个苹果，吃完苹果所需的天数为 $(t+1)$ 天。因此，苹果的总数可以用等式表示为：

$N = 3 \times (t+1)$

3. 分析情况二

如果小明每天吃 4 个苹果，吃完苹果所需的天数为 $(t-1)$ 天。因此，苹果的总数可以用等式表示为：

$N = 4 \times (t-1)$

4. 建立方程

由于两种情况下苹果的总数相同，可以列出方程：

$3(t+1) = 4(t-1)$

5. 方程

解方程：

$3t + 3 = 4t - 4$

移项并合并同类项：

$3 + 4 = 4t - 3t$

$t = 7$

因此，小明原计划吃完苹果的天数为 7 天。

6. 计算苹果总数

将 $t = 7$ 代入任意一种情况计算苹果总数：

$N = 3 \times (7 + 1) = 24$

或

$N = 4 \times (7 - 1) = 24$

所以，小明一共有 24 个苹果。

7. 验证结果

如果小明每天吃 3 个苹果，需要 8 天吃完（比原计划 7 天多 1 天）。

如果小明每天吃 4 个苹果，需要 6 天吃完（比原计划 7 天少 1 天）。

结果符合题目条件，答案正确。

8. 最终答案

小明一共有 24 个苹果。

通过这样的步骤分解和详细解释，学生可以更清晰地理解问题的解决过程，并掌握类似的数学问题的解题方法。这种方式不仅能够有效检测学生的基础知识掌握情况，还能为教师提供清晰的学习进度反馈，从而帮助教师制定更具针对性的辅导策略。

借助 DeepSeek 的智能出题与即时反馈功能，学生可以在互动式的学习过程中不断巩固知识，同时快速识别自身的薄弱环节，及时调整学习重点。这种动态的评估与反馈机制，不仅提升了学习效率，也为个性化教学提供了强有力的支持，真正实现了"因材施教"的教育理念。

提示词：

请针对分数和小数，提供 10 道数学题目，不要给出答案，题目用列表形式输出。

DeepSeek 回复：

以下是 10 道关于分数与小数的数学题目（适合小学六年级水平），以列表形式呈现。

1. 将分数 $\frac{3}{8}$ 转换为小数,并写出计算过程。

2. 把小数 0.625 化为最简分数。

3. 比较大小:$\frac{5}{6}$( )0.83,在括号中填 ">" "<" 或 "="。

4. 计算:$2\frac{1}{4}+1.75=$(结果用分数和小数各表示一次)。

5. 一袋米重 3.2 千克,小明用了其中的 $\frac{3}{5}$,还剩多少千克?

6. 一块长方形菜地的长是 4.5 米,宽是 $\frac{2}{3}$ 米,它的面积是多少平方米?

7. 计算:$1\div\frac{5}{6}=$(结果保留两位小数)。

8. 解方程:$\frac{3}{4}x-0.5=1.2$,求 x 的值。

9. 小华跑步用了 $6\frac{2}{5}$ 分钟,小丽用的时间是小华的 1.25 倍,两人一共用了多少分钟?

10. 妈妈买了 2.4 米长的丝带,做手工用了 $\frac{5}{6}$ 米,剩下的还能剪成几段 0.15 米的小段?

让 DeepSeek 充当测试官,用上述的题目对我进行考核。

提示词:

请你担任考试考官,使用上述 10 道数学题目对我进行测试。操作方式为:每次只出一道题,等待我回答后,请你再对答案进行批改。如果我答对了,请回复"恭喜你,答对了",然后继续出下一道题;如果我解答错了,请回复"回答错误",并告知正确答案,之后再发布下一题。

DeepSeek 回复:

好的,现在开始测试!请准备好,题目将逐一出现。

第 1 题

将分数 $\frac{3}{8}$ 转换为小数,并写出计算过程。

（用户回答后，DeepSeek 会根据答案的情况给出相应反馈，并继续出题。）

通过这种方式，用户可以逐步完成测试，同时及时获得反馈。这种方式有以下优势。

（1）精准评估：DeepSeek 不仅能统计用户解答正确与错误的题目各有多少道，还能计算正确率，并生成详细的评估报告，帮助用户全面了解自己的知识掌握情况。

（2）个性化反馈：基于测试结果，DeepSeek 会提供针对性的改进建议，帮助用户识别薄弱环节并制订个性化的学习计划。

（3）多样化题目：虽然这个实例中只涉及简单的四则运算，但 DeepSeek 的能力远不止于此。它可以编写从小学到大学的不同阶段的测试题，满足用户多样化的学习需求。

（4）因材施教：通过智能化的测试与反馈，DeepSeek 能够根据用户的学习进度和表现，动态调整题目难度和内容，真正做到"因材施教"，帮助用户系统地提升知识水平。

DeepSeek 不仅是一个高效的测试工具，更是一个智能化的学习助手。它通过科学的评估和个性化的反馈，帮助用户在互动中巩固知识、发现不足，并实现持续进步。无论是学生、教师还是自学者，都能从中受益，DeepSeek 是用户提升学习效率与效果的好帮手。

8.3　生成题库：利用 DeepSeek 生成个性化测试题

做测试题是巩固新知识、提升记忆效果的有效手段，但对于初学者来说，自己设计测试题目往往是一大难题。DeepSeek 的出现彻底破解了这一困境——它能够针对各种学科和专业，自动生成高质量的测试题，为用户提供高效的学习支持。

当我们提到测试题时，自然会联想到中小学随堂考试中那些精心编写的试卷。这些试卷通常由教师根据课程目标精心设计，旨在全面检测学生对当前课程内容的掌握情况。然而，对于自学者或缺少教师指导的学习者来说，设计这样的测试题往往是一项挑战。此时，DeepSeek 便成为一个强大的辅助工具。它能够根据用户的学习目标和进度，自动生成符合需求的测试题，帮助用户检测知识掌握情况，并及时发现薄弱环节。

DeepSeek 不仅能够生成测试题，还能根据用户的答题情况提供个性化的反馈和改进建议。例如，如果用户在某一知识点上频繁出错，DeepSeek 会针对该知识点生成更多相关题目，帮助用户强化练习。此外，DeepSeek 还支持根据学习计划定制测试题，确保题目内容与学习目标高度契合，真正做到"学什么、测什么"。

DeepSeek 的核心优势表现如下。

（1）智能化出题：根据学科、难度自动生成题目，覆盖从基础知识到高阶技能的全方位测试需求。

（2）个性化反馈：基于答题结果提供详细分析，帮助用户识别知识盲点并制订针对性的学习计划。

（3）灵活定制：支持根据用户的学习进度和需求定制测试题，确保题目内容与用户的学习目标一致。

（4）高效便捷：无须依赖教师或外部学习资料，用户可随时随地通过 DeepSeek 进行自我检测。

下面是 DeepSeek 为用户定制的测试题。

提示词：

请你帮我设计一套小学四年级的语文测试题。

DeepSeek 回复：

小学四年级的语文测试题设计。

一、测试目标

基础知识：考查学生对字词、拼音、成语等基础知识的掌握情况。

阅读理解：通过不同类型的阅读材料，考查学生的阅读理解能力和分析能力。

写作能力：通过作文题目，考查学生的语言表达和写作能力。

综合应用：考查学生在具体情境中运用语文知识解决问题的能力。

二、测试内容

测试题分为七大板块，涵盖拼音、成语、句子、诗文、课文、阅读和作文。

注：对应的板块给出了分值。

- 拼音游乐园（10分）

题型：选择题、填空题。

内容：考查学生对拼音的掌握程度，包括声母、韵母和声调的正确拼读。

- 成语小超市（12分）

题型：选择题、填空题。

内容：考查学生对成语的理解和运用，包括成语的意义、用法和搭配。

- 句子竞技场（7分）

题型：修改病句、句子排序。

内容：考查学生对句子结构的理解和运用，包括修改病句。

- 诗文展览馆（7分）

题型：默写、简答题。

内容：考查学生对古诗文的背诵和理解，包括默写和对诗文内容的分析。

- 课文大观园（14分）

题型：选择题、简答题。

内容：考查学生对课文内容的理解和记忆，包括课文主题、人物分析和情节理解。

- 阅读研究所（20分）

题型：选择题、简答题。

内容：通过两篇短文（一篇记叙文、一篇说明文），考查学生的阅读理解能力，包括对文章主旨、细节的理解和分析。

- 我是小作家（30分）

题型：作文。

内容：提供一个作文题目，考查学生的写作能力，包括语言表达、结构安排和内容创新。

三、测试时间

总时长：90分钟

各板块时间分配如下。

拼音游乐园：10分钟。

成语小超市：12分钟。

句子竞技场：7分钟。

诗文展览馆：7分钟。

课文大观园：14分钟。

阅读研究所：20分钟。

我是小作家：20分钟。

四、测试难度及占比

基础题：占70%。

中等难度题：占20%。

难题：占10%。

五、测试形式

题型：选择题、填空题、简答题、作文题等。

形式：闭卷考试，满分100分。

六、测试题示例

- 拼音游乐园

选择题：给下列加点字选择正确的读音。

燃烧（rán yán）　　摔跤（suāi shuāi）　　湮没（mò méi）

联系（jì xì）　　象棋（xiāng xiàng）　　枣树（zǎo zhǎo）

……

- 成语小超市

填空题：用合适的成语填空。

他总是（　）地完成任务，从不拖延。

……

- 句子竞技场

修改病句：他常常每天到公园散步。

……

- 诗文展览馆

默写并背诵《静夜思》。

……

- 课文大观园

简答题：《中彩那天》中，父亲面临的道德难题是什么？

……

- 阅读研究所

短文：《诚信的价值》（略）

问题：短文中的夫妻因利益而失去诚信，最终导致破产。这说明了什么？

……

- 我是小作家

作文题目：《我的校园》

要求：写一篇300字左右的作文，介绍你眼中的校园，注意语句通顺，表达清晰。

七、评分标准

拼音游乐园：每题1分，共10分。

成语小超市：每题2分，共12分。

句子竞技场：每题1分，共7分。

诗文展览馆：每题1分，共7分。

课文大观园：每题2分，共14分。
阅读研究所：每题2分，共20分。
我是小作家：根据作文内容、结构和语言表达综合评分，共30分。

八、测试后反馈与调整

反馈：测试结束后，教师应及时批改试卷，统计学生在各板块的得分情况，分析学生的学习难点和薄弱环节。

调整：根据测试结果，教师应调整教学计划，针对学生普遍存在的问题进行重点讲解和练习，帮助学生巩固知识，提高能力。

通过这份测试题设计，教师可以全面评估学生在语文基础知识、阅读理解和写作等方面的学习效果，同时为学生提供一个展示自己学习成果的机会。这份测试题也能够帮助学生更好地掌握语文知识，提升语文素养。

DeepSeek不仅能生成题目，还能根据用户的学习进度灵活调整题目的难易度和侧重点，从而更精准地帮助用户发现并弥补学习中的不足。这样的功能使自学过程更加系统化、个性化，为用户提升学习效率和效果提供了强有力的支持。

8.4　在线辅导：你的学习力正被DeepSeek重新定义

DeepSeek能够为我们在各个知识领域提供深入辅导。下面通过英语学习辅导案例展示其具体应用方式。

英语四级考试是许多人必须面对的一关。以此为例，我们探讨如何利用DeepSeek提供针对性辅导。

四级考试中，长难句解析常常让考生头疼。下面这一长难句摘自某年的四级真题：

"Higher up the ladder, where a pay cut is usually more significant, the demand for scientists with a wealth of experience in industry is forcing universities to make the transition to academia more attractive, according to Lee."

在上面的句子中,"the ladder"并非简单指"梯子",而是具备比喻意义,解释起来较为复杂。针对这一难点,我请DeepSeek帮忙解析。

🧑 提示词:

请你解释下面的英文句子中"the ladder"的中文含义,并阐明其比喻意义及在句子中的作用。

Higher up the ladder, where a pay cut is usually more significant, the demand for scientists with a wealth of experience in industry is forcing universities to make the transition to academia more attractive, according to Lee.

📄 DeepSeek 回复:

"the ladder"在这里指的是"职业阶梯"或"晋升路径",表示在职业发展中的不同层级。

- 比喻意义

在比喻用法中,"the ladder"象征着职业晋升的过程,每一级台阶代表一个职位或阶段。它暗示了从较低职位向较高职位的逐步上升,通常需要付出努力和时间。在句子中,"Higher up the ladder"表示在职业阶梯的更高级别,通常意味着更高的职位和更大的责任。

- 在句子中的作用

具体指代:在这里,"the ladder"指代的是职业发展的层级结构,特别是在学术界或工业界的晋升路径。

强调问题:句子通过"Higher up the ladder"强调了在职业阶梯的更高层次,薪酬削减(pay cut)通常更为显著,这可能对科学家的职业选择产生影响。

背景铺垫:它为后续内容提供了背景,即由于对行业经验丰富的科学家的需求,大学需要调整策略,以吸引和留住人才。

请注意,我刚才使用的提示词"请你解释下面的英文句子中

'the ladder'的中文含义……"可以归纳为下面这个模板：

请你解释下面的英文句子中"[待解析的单词或短语]"的中文含义。

[英文句子]（略）

DeepSeek 还能进一步分析语法结构，提供背景知识和相关例句，帮助考生全面掌握长难句的解析技巧，为英语学习打下坚实基础。

接下来，我们要求 DeepSeek 针对前面提到的长难句做语法剖析，帮助我们深入理解句子结构。

提示词：

请对以下句子进行语法分析，并将其翻译成中文。

Higher up the ladder, where a pay cut is usually more significant, the demand for scientists with a wealth of experience in industry is forcing universities to make the transition to academia more attractive, according to Lee.

DeepSeek 回复：

• 语法分析

主句结构：

主语：the demand for scientists with a wealth of experience in industry

（对具有丰富行业经验的科学家的需求）

谓语：is forcing

（正在迫使）

宾语：universities

（大学）

宾语补足语：to make the transition to academia more attractive

（使转向学术界的选择更具吸引力）

状语：

Higher up the ladder

（在职业阶梯的更高位置）

这是一个形容词短语，用来修饰主句中的"the demand"。

where a pay cut is usually more significant

（薪酬削减通常更为显著的地方）

这是一个由"where"引导的非限制性定语从句，修饰"the ladder"。在这里，"the ladder"指代职业晋升路径。

插入语：

according to Lee

（根据Lee的说法）

这是一个插入语，说明信息来源。

• 翻译

中文翻译：

据Lee称，越往职业阶梯的高处走，薪酬削减通常越显著。然而，大学对具有丰富行业经验的科学家的需求，迫使大学要让转向学术界的选择更具吸引力。

句子中"the ladder"的含义：

在句子中，"the ladder"使用了比喻的手法，指代"职业阶梯"或"晋升路径"，象征着职业发展中的不同层级。职业阶梯的更高位置，通常意味着更高的职位、更大的责任以及更显著的薪酬削减。

• 句子的作用

背景铺垫：

句子通过"Higher up the ladder"和"where a pay cut is usually more significant"铺垫了职业晋升中的一个关键问题——薪酬削减，尤其是在高级职位上更为明显。

问题阐述：

句子指出，由于大学对具有丰富行业经验的科学家的需求，大学不得不采取措施，使学术界的职位更具吸引力，以应对行业与学术界之间的薪酬差距。

引出后续内容：

这句话为后续内容提供了背景，后文可能会进一步探讨大学如何吸引和留住有行业经验的科学家，以及这些科学家对学术界和学生的影响。

这种方法不仅能帮助我们掌握单词的多重含义，还能通过 DeepSeek 的语法解析，进一步提升我们对复杂句子的理解能力。我们也可以将自己的译文发送给 DeepSeek 进行优化和提升。

8.5　制订学习计划：DeepSeek 推荐个性化学习方案

成年人在学习过程中常常遇到两大难题：
- 第一，面临具体问题时，虽有迫切的需求，但不知该从何下手，也不了解哪些知识和技能能最有效地解决问题。
- 第二，虽然明确了学习目标，但缺乏系统化的学习路径，难以一步步掌握所需的知识和技能。

DeepSeek 强大的学习规划能力有助于解决这两大难题。它不仅能依据问题推荐个性化的学习方案，还能根据既定目标制订详细的学习计划，将大任务细化为易于执行的步骤。下面我们以实际案例说明具体操作方法。

假设我是一名刚入职的新人，希望借助编程高效分析财务数据，但我对编程语言一无所知，不确定应该选择哪一种编程语言。此时，我可以请教 DeepSeek。我需要先让 DeepSeek 扮演一位精通多种编程语言的资深程序员，然后根据我的需求让 DeepSeek 推荐合适的编程语言。

👤 提示词：

你是一名资深程序员，熟悉各种主流编程语言，请推荐一种用于分析财务数据的编程语言。注意,我没有任何编程基础,所以希望你推荐的语言既功能强大又易学、易用。

DeepSeek 回复:

根据您的需求,我推荐使用 Python 作为分析财务数据的编程语言。以下是推荐的理由。

• Python 的强大功能

Python 是一种功能强大的编程语言,广泛应用于数据分析、机器学习、Web 开发等多个领域。它具有以下特点。

丰富的数据处理库:如 Pandas、NumPy,能够高效处理大规模数据。

强大的数据分析能力:通过 Matplotlib、Seaborn 等库,可以轻松实现数据可视化。

机器学习支持:Scikit-learn 等库支持复杂的财务预测和风险评估。

• Python 的易学性

Python 的语法简洁明了,接近自然语言,非常适合初学者。其主要优势如下。

易读、易写:代码结构清晰,使用缩进表示代码块,可读性强。

丰富的学习资源:包括官方文档、在线课程、社区支持等,适合不同层次的学习者。

动态类型系统:无需显式声明变量类型,适合快速开发。

• Python 在财务领域的应用

Python 在财务数据分析中的应用广泛,具体如下。

数据获取与清洗:通过 Pandas 库,可以轻松读取和清洗财务数据。

财务建模:使用 Python 构建财务模型,如预算模型、现金流模型等。

风险评估与预测:利用机器学习库(如 Scikit-learn)进行风险评

估和财务指标预测。

自动化报告生成：通过编写程序脚本自动化生成财务报表，减少重复性工作。

- Python 的社区支持

Python 拥有庞大的开发者社区，社区提供了丰富的开源库和工具。无论是初学者还是资深开发者，都能在社区中找到所需资源和解决方案。

- Python 的跨平台兼容性

Python 可以在 Windows、macOS 和 Linux 等多种操作系统上运行，这使它在不同工作环境中都能高效运行。

- Python 的扩展性

Python 可以与其他语言（如 C、Java）集成，解决性能瓶颈问题。此外，它还可以与数据库（如 MySQL、PostgreSQL）无缝对接，方便数据操作。

Python 不仅功能强大，而且易学、易用，适合初学者和经验丰富的开发者。它在财务数据分析中的应用广泛，能够显著提升工作效率和分析能力。如果您希望进入数据分析或财务领域，Python 无疑是您的最佳选择。

DeepSeek 的智能推荐不仅能帮助用户迅速确定学习方向，还能为后续的技能培养确定一个清晰的起点，帮助用户在最短的时间内掌握必备技能，并在职业竞争中抢占先机。

提示词：

我想在 5 个月内学会 Python 并熟练应用 Python 分析常用数据，请你帮助制订一份学习计划。

DeepSeek 回复：

以下是为您定制的 5 个月 Python 学习计划，专注于财务数据分析，帮助您从零基础开始，逐步掌握 Python 并熟练应用于实际工作中。

- 第1个月：Python基础与数据分析入门

目标：

掌握Python基础语法和数据处理知识；

熟悉Pandas库，能够进行简单的数据清洗和分析。

学习内容：

Python基础语法（第1周）

安装Python并配置开发环境；

学习变量、数据类型、运算符、控制结构（if/for/while）；

理解函数的定义和使用。

数据结构与Pandas入门（第2周）

学习列表、字典、元组、集合等数据结构；

安装并学习Pandas库，掌握DataFrame的基本操作。

数据清洗与处理（第3周）

使用Pandas进行数据清洗，包括处理缺失值、异常值、重复值；

学习数据规范化和数据转换。

项目实践（第4周）

完成一个小项目——从Excel文件中读取财务数据，进行数据清洗和简单分析。

- 第2个月：数据分析与可视化

目标：

掌握数据可视化技能，能够制作专业图表；

提升数据分析能力，学会使用统计方法分析财务数据。

学习内容：

数据可视化基础（第1周）

学习Matplotlib和Seaborn库，绘制折线图、柱状图、散点图等；

掌握图表的美化技巧，如添加标题、图例、调整颜色。

统计分析与数据可视化进阶（第2周）

学习描述性统计分析，如均值、中位数、标准差；

使用 Seaborn 绘制热力图、分布图等复杂图表。

项目实践(第3~4周)

分析一个财务数据集(如股票价格或销售数据),生成可视化报告。

• 第3个月:财务建模与预测

目标:

学会构建财务模型,如预算模型、现金流模型;

掌握时间序列分析和机器学习基础,用于财务预测。

学习内容:

财务建模基础(第1周)

学习如何使用 Python 构建财务模型,包括预算编制和现金流预测。

时间序列分析(第2周)

学习时间序列分析的基本概念,如数据平稳性检验、ARIMA 模型。

机器学习基础(第3周)

学习 Scikit-learn 库,掌握线性回归、随机森林等算法;

应用机器学习模型进行财务预测。

项目实践(第4周)

构建一个财务预测模型,预测公司未来一年的销售额。

• 第4个月:项目实战

目标:

掌握 Python 自动化脚本编写,提升工作效率;

完成一个综合项目,将所学知识用于解决实际问题。

学习内容:

Python 自动化基础(第1周)

学习如何使用 Python 自动化处理 Excel 和 PDF 文件;

编写脚本,自动生成财务报表。

项目实战(第2~4周)

完成一个综合项目——从数据采集、清洗、分析到可视化报告的生成。

- 第5个月：进阶技能与职业准备

目标：

提升代码质量和性能优化能力；

准备求职或晋升，包括简历撰写和面试准备。

学习内容：

代码优化与性能提升（第1周）

学习如何优化Python代码，减少代码运行时间；

掌握常用的数据结构和算法，提升代码效率。

职业准备（第2周）

制作一份专业的简历，突出Python项目经验和技能；

准备常见的面试问题，练习编程和项目介绍。

项目部署与分享（第3~4周）

学习如何将Python项目部署为Web应用，如使用Flask框架；

将项目发布到GitHub或个人网站，建立作品集。

建议您每天保持至少2小时的学习时间，每周安排一天用于复习和总结。学习过程中，多参与实战项目，将理论知识用于解决实际问题，提升解决问题的能力。祝您学习顺利，早日实现目标！

通过这5个月的学习计划，我将从零基础逐步掌握Python，并能够将Python熟练应用于财务数据分析中。

从上面的内容中可以看出，DeepSeek所制订的学习计划非常清晰地界定了知识范围和学习顺序，完全是针对我描述的问题量身定制的。如果需要更精细的学习计划，只需在提示词中明确要求，如"按周/按天规划学习任务"，DeepSeek就能调整输出，使计划更具操作性。

第 9 章
增效翻译：DeepSeek 让沟通飞越语言藩篱

　　DeepSeek 作为当前最受欢迎的大模型之一，经过基于海量多语种文本的深度训练，已对许多语言的语法、常用短语及表达习惯有了深入理解。这种强大的语言洞察力不仅大幅提高了翻译的精准度，还使生成的译文更加自然，贴近人类日常表达。凭借这一优势，DeepSeek 在多语种翻译任务中显得游刃有余。

　　我的工作经常涉及翻译任务，例如阅读英文文献、浏览外文网站获取资料、与其他国家的同事通过邮件沟通。当面对专业领域的文本时，精准的翻译显得尤为重要。经过多方面测试，我发现 DeepSeek 在多语种支持、语境理解、翻译效率和准确性方面均表现优异，成为我不可或缺的翻译助手。本章就来分享使用 DeepSeek 增效翻译的三大场景。

9.1 精准翻译：DeepSeek 准确理解语境

　　先看一个常见的中英文翻译示例。下面摘录了英文版《小王子》第三章的部分文字，提交给 DeepSeek，DeepSeek 的输出展现了其较高的翻译水平与处理复杂语境的能力。

👤 提示词：

请担任一位精通中英文的翻译家，帮我将以下英文故事翻译成中文。

It took me a long time to learn where he came from. The little prince, who asked me so many questions, never seemed to hear the ones I asked him. It was from words dropped by chance that, little by little, everything was revealed to me.

The first time he saw my airplane, for instance (I shall not draw my airplane; that would be much too complicated for me), he asked me:

"What is that object?"

"That is not an object. It flies. It is an airplane. It is my airplane."

And I was proud to have him learn that I could fly.

He cried out, then:

"What! You dropped down from the sky?"

"Yes," I answered, modestly.

"Oh! That is funny!"

And the little prince broke into a lovely peal of laughter, which irritated me very much. I like my misfortunes to be taken seriously.

Then he added:

"So you, too, come from the sky! Which is your planet?"

At that moment I caught a gleam of light in the impenetrable mystery of his presence; and I demanded, abruptly:

"Do you come from another planet?"

But he did not reply. He tossed his head gently, without taking his eyes from my plane:

"It is true that on that you can't have come from very far away..."

DeepSeek 回复:

译文

我花了很长时间才弄清楚他来自哪里。小王子问了我许多问题,但他似乎完全不听我提出的问题。正是通过他偶然说出的只言片语,我一点一点地了解到了一切。

他第一次看到我的飞机时(我不会画我的飞机,那对我来说太复杂了),他问我:

"那个物体是什么?"

"那不是物体。它会飞。它是一架飞机。是我的飞机。"

我为他了解到我能飞而感到自豪。

他惊叫道:

"什么!你是从天上掉下来的?"

"是的,"我谦虚地回答。

"哦!这太有趣了!"

小王子发出一阵可爱的笑声,这让我很不高兴。我喜欢我的不幸被严肃对待。

然后他补充道:

"所以你也是从天上来的!哪一个是你的星球?"

那一刻,我在他神秘的存在中捕捉到了一丝光明,我突然问道:

"你是从另一个星球来的吗?"

但他没有回答。他轻轻地摇摇头,目光始终没有离开我的飞机:

"确实,坐在那上面,你不可能来自很远的地方……"

通过这个案例,我们不仅能检验 DeepSeek 在处理实际翻译任务时的表现,还能进一步感受其在多语言环境下的强大适应力和表达精准性。

让我们再看一个例子:假设我是一名开发者,需要对一个国际软件项目进行评估,但我的外籍同事尚未传送项目需求的详细说明。为此,我必须撰写一封正式的英文商务邮件,催促对方尽快提供需求明细,以便及时开始项目评估。我的英语能力有限,我可以先用中文草拟邮件,再借助翻译工具转换成英文,最后再进行修改润色。但现在有了DeepSeek,我还可以直接生成规范且专业的英文邮件,从而大大提高工作效率。

提示词:

请担任一名在跨国企业任职的软件工程师,精通中英文。请撰写一封英文商务邮件,提醒外籍同事瑞恩(Ryan)在今天内尽快发来项目的需求明细,以便你能尽快进行项目评估。邮件内容需符合正式商务英语的表述规范。

DeepSeek 回复:

Subject: Urgent Request for Project Requirements Details

Dear Ryan,

I hope this email finds you well. I am writing to remind you that we are in urgent need of the project requirements details. As discussed previously, these details are crucial for us to conduct a thorough project assessment.

Could you please send over the necessary documents or information by the end of today? This will help us stay on schedule and ensure that we can provide you with an accurate evaluation. If you encounter any issues or need further clarification, feel free to reach out.

Thank you for your prompt attention to this matter. I look forward to receiving the details soon.

Best regards,

[Your Name]

[Your Position]

[Your Company]

[Your Contact Information]

借助 DeepSeek，不仅能保证邮件内容的准确性和专业性，还能帮助你在跨国沟通中树立良好形象，从而更高效地推进项目进程。

9.2 多语种翻译：DeepSeek 一键生成全球市场适配的多语种方案

凭借海量多语言数据的训练，DeepSeek 对不同语言的语法、常用短语，甚至俚语都掌握得相当扎实。设想一个场景：某公司的业务主要面向海外市场，所有产品——无论是说明书还是用户界面，都必须实现国际化，支持包括中文、日文、英文、法文和俄文在内的多种语言。由于预算限制，公司聘请的专业译员不足，而 DeepSeek 正好能为这一需求提供解决方案。

我们以一份英文产品说明书为例，要求 DeepSeek 迅速将其分别翻译为中文、日文、法文和俄文。

提示词：

请担任一位资深语言翻译专家，熟悉各国的表达习惯，尤其擅长将英文内容准确翻译成多种语言。接下来，我会发送给你一份简单的 DeepSeek 说明书，请你将这份说明书分别翻译成中文、日文、法文和俄文。请确认是否明白。

DeepSeek 回复：

明白，请您发送说明书。

提示词：

Introduction

DeepSeek is a state-of-the-art language model developed by a leading AI company, trained using machine learning algorithms on a vast dataset of high-quality text. It's designed to generate human-like text and perform tasks that require an understanding of language, from writing essays and summaries to answering questions and translating languages.

How to Use

Text Generation: Simply input a prompt or start of a sentence, and DeepSeek will complete it with contextually relevant text. For example, inputting "The weather today is" might produce "sunny with a high of 75 degrees."

Question Answering: You can ask DeepSeek any question, and it will provide the best possible answer based on its training data. For example, asking "What is the capital of France?" will yield "Paris."

Translation: DeepSeek supports translation between multiple languages. Just input the text and specify the language you want it translated into. For example, input "Translate 'Hello, how are you?' to Spanish," and you will get "Hola, ¿cómo estás?"

Summarization: DeepSeek can also provide brief summaries of long pieces of text. For instance, if you input a news article, you can request, "Summarize this article."

DeepSeek 回复：

中文翻译

介绍

DeepSeek 是由领先的 AI 公司开发的先进语言模型，通过在大量高质量文本数据集上使用机器学习算法进行训练。它旨在生成类似人类语言的文本，并执行需要语言理解的任务，包括撰写论文和摘要、回答问题以及翻译语言。

如何使用

文本生成：只需输入一个提示或句子的开头，DeepSeek 将生成上下文相关的文本。例如，输入"The weather today is"可能会生成

"sunny with a high of 75 degrees"。

问答：你可以向 DeepSeek 提出任何问题，它将根据其训练数据提供最佳答案。例如，询问 "What is the capital of France?" 会得到 "Paris"。

翻译：DeepSeek 支持多种语言之间的翻译。只需输入文本并指定目标语言即可。例如，输入 "Translate 'Hello, how are you?' to Spanish"，将得到 "Hola, ¿cómo estás?"。

总结：DeepSeek 还可以为长篇文本提供简短的摘要。例如，输入一篇新闻文章后，可以请求 "Summarize this article"。

日文翻译

紹介

DeepSeek は、先端の言語モデルで、大規模な高品質なテキストデータセット上で機械学習アルゴリズムを使用してトレーニングされています。人間のようなテキストを生成し、エッセイの執筆や要約、質問への回答、言語の翻訳など、言語の理解が必要なタスクを実行するように設計されています。

使用方法

テキスト生成：プロンプトや文の冒頭を入力するだけで、DeepSeek は文脈に関連するテキストを完成させます。例えば、「The weather today is」と入力すると、「sunny with a high of 75 degrees」という答えが得られるかもしれません。

質問応答：DeepSeek にどんな質問でも投げかけられます。そして、そのトレーニングデータに基づいて、可能な限り最適な答えを提供します。例えば、「What is the capital of France?」と尋ねると、「Paris」という答えが得られます。

翻訳：DeepSeek は複数の言語間の翻訳をサポートしています。単にテキストを入力し、翻訳したい言語を指定するだけです。例えば、「Translate 'Hello, how are you?' to Spanish」と入力すると、

「Hola, ¿cómo estás?」という答えが得られます。

要約：DeepSeek はまた、長いテキストの簡潔な要約を提供することができます。例えば、ニュース記事を入力すると、「Summarize this article」と要求することができます。

法文翻译

Introduction

DeepSeek est un modèle de langage d'avant-garde développé par une entreprise de pointe en AI, formé à l'aide d'algorithmes d'apprentissage automatique sur un vaste ensemble de données de texte de haute qualité. Il est conçu pour générer un texte similaire à celui d'un humain et effectuer des tâches nécessitant une compréhension du langage, allant de la rédaction d'essais et de résumés à la réponse aux questions et à la traduction des langues.

Comment utiliser

Génération de texte : Il suffit d'entrer un prompt ou le début d'une phrase, et DeepSeek complétera celle-ci avec un texte pertinent en contexte. Par exemple, en entrant "The weather today is", il pourrait produire "sunny with a high of 75 degrees".

Réponse aux questions : Vous pouvez poser n'importe quelle question à DeepSeek, et il fournira la meilleure réponse possible basée sur ses données d'entraînement. Par exemple, en demandant "What is the capital of France?", vous obtiendrez "Paris".

Traduction : DeepSeek prend en charge la traduction entre plusieurs langues. Il suffit d'entrer le texte et de spécifier la langue dans laquelle vous voulez qu'il soit traduit. Par exemple, en entrant "Translate 'Hello, how are you?' to Spanish", vous obtiendrez "Hola, ¿cómo estás?".

Résumé : DeepSeek peut également fournir des résumés concis de longs textes. Par exemple, si vous entrez un article de presse, vous pouvez demander "Summarize this article".

俄文翻译

Введение

DeepSeek — это передовая языковая модель, разработанная ведущей компанией в области искусственного интеллекта, обученная с помощью алгоритмов машинного обучения на обширном наборе данных высококачественного текста. Она предназначена для генерации текста, похожего на человеческий, и выполнения задач, требующих понимания языка, от написания эссе и резюме до ответов на вопросы и перевода языков.

Как использовать

Генерация текста: Просто введите подсказку или начало предложения, и DeepSeek дополнит его контекстно релевантным текстом. Например, ввод "The weather today is" может сгенерировать "sunny with a high of 75 degrees".

Ответы на вопросы: Вы можете задать DeepSeek любой вопрос, и он предоставит лучший возможный ответ на основе своих обучающих данных. Например, задав вопрос "What is the capital of France?", вы получите "Paris".

Перевод: DeepSeek поддерживает перевод между несколькими языками. Просто введите текст и укажите язык, на который вы хотите его перевести. Например, ввод "Translate 'Hello, how are you?' to Spanish" даст вам "Hola, ¿cómo estás?".

Резюмирование: DeepSeek также может предоставлять краткие резюме длинных текстов. Например, введя новостную статью, вы можете запросить "Summarize this article".

DeepSeek 输出了该产品说明书的中文、日文、法文和俄文版本。这个案例充分展示了 DeepSeek 在多语种翻译方面的卓越能力。在同一会话中，只通过"继续"指令，就可以连续生成各语种的完整译文，这为产品国际化推广提供了极大的便利和支持。

9.3 在线私教：DeepSeek 重塑沉浸式口语学习

DeepSeek 展现出媲美人类的语言表达能力，并且支持自定义角色设定，这使它能够根据预先设定的身份，提供高度专业化的回答。因此，我尝试让 DeepSeek 扮演外语私人教师（后文简称"私教"），经过测试，其"授课"水平相当出色，仿佛一位全天候在线、经验丰富的私教，随时待命，为你答疑解惑。

尽管使用 AI 工具与面对面交流在体验上有所不同，但在专业指导方面，DeepSeek 足以为我们提供相当高效且实用的支持，在语言学习领域效果尤为显著。

提示词：

请担任一位资深的英语教师，拥有丰富的英语教学经验，个性亲和，擅长引导学生通过生动有趣的话题讨论掌握地道的英语表达。请担任我的英语私教，帮助我快速提升口语能力。现在，请直接切换到你的私教角色，与我展开对话。

DeepSeek 回复：

好的，我们可以通过一个具体的对话场景来提升你的英语口语能力。我会根据你的水平和需求，逐步引导你进行练习。现在，我们先从一个简单的话题开始。

提示词：

I want to visit China because of the beautiful scenery and many famous places I have seen on TV.

DeepSeek 回复：

I understand that you want to visit China because of its beautiful scenery and famous places. Here are some of the most iconic and breathtaking destinations in China that you definitely should consider visiting:

The Great Wall(长城)

As the saying goes, "He who has not been to the Great Wall is not a true man." The Great Wall is not only a symbol of China but also one of the most impressive architectural achievements in human history. Stretching over 6,000 kilometers, it offers breathtaking views and a deep sense of history.

Jiuzhaigou(九寨沟)

Known for its crystal-clear lakes, colorful forests, and cascading waterfalls, Jiuzhaigou is often described as a "fairyland on earth." The scenery changes with the seasons, making it a must-see destination for nature lovers.

The Forbidden City(北京故宫)

Located in the heart of Beijing, the Forbidden City was the imperial palace for the Ming and Qing dynasties. It is the largest and most complete ancient palace complex in the world, with stunning architecture and a rich cultural heritage.

The Terracotta Army(秦始皇陵兵马俑)

This archaeological wonder near Xi'an is one of the most significant discoveries in modern times. The life-sized terracotta soldiers and horses are a testament to the grandeur of ancient China and are truly awe-inspiring.

Yangtze River Three Gorges(长江三峡)

The Three Gorges—Qutang Gorge, Wu Gorge, and Xiling Gorge—

are famous for their dramatic landscapes and historical significance. A cruise through the gorges offers a unique experience of China's natural beauty and rich cultural heritage.

West Lake(杭州西湖)

Known as the "Paradise on Earth," West Lake in Hangzhou is famous for its picturesque scenery, with lush mountains, serene lakes, and historic temples. It is a perfect place to enjoy a leisurely stroll or a boat ride.

Huangshan Mountain(黄山)

Huangshan is renowned for its unique pine trees, grotesque rock formations, sea of clouds, and hot springs. It is often described as the "Number One Mountain under Heaven" and is a UNESCO World Heritage Site.

Lijiang Ancient Town(丽江古城)

Located in Yunnan Province, Lijiang Ancient Town is a UNESCO World Heritage Site famous for its well-preserved ancient architecture and rich ethnic culture. It is a great place to experience the local Naxi culture and history.

Mount Tai(泰山)

As the "leader of the Five Sacred Mountains," Mount Tai holds great cultural and historical significance in China. Climbing Mount Tai offers a unique experience of Chinese mountain culture and breathtaking views.

These are just a few of the many amazing places to visit in China. Each destination offers a unique blend of natural beauty, historical significance, and cultural richness. Whether you are interested in ancient history, natural landscapes, or modern culture, China has something to offer everyone.

DeepSeek 非常细致地列举了中国的著名景区，如果看不懂，可以让其输出中英文版本。

接下来，我没有继续这个话题，而是提出了一个中国学生在练习口语时常见的困扰：满腹经纶却不知如何表达。DeepSeek 针对这一问题提供了专门的指导，还鼓励多练习表达自己的想法。

提示词：

I have a question. I have a lot to say, but I don't know how to express; could you help me with some suggestions?

DeepSeek 回复：

Of course, I'd be happy to help! It's completely normal to feel unsure about how to express your thoughts, especially when you have a lot to say. Here are a few suggestions that might help you:

1. Organize Your Thoughts

Before you start speaking or writing, take a moment to organize your ideas. You can make a list or a mind map to categorize your points. This will help you present your thoughts more clearly and logically.

2. Break It Down

If you have a lot to say, break it down into smaller parts. Focus on one idea at a time. This way, you won't feel overwhelmed, and your audience will find it easier to follow.

3. Use Simple Language

Sometimes, using simpler words and shorter sentences can make your message clearer. Avoid using too many complex words or long sentences if you can help it. Clarity is key!

4. Practice with Key Points

Identify the most important points you want to make and practice expressing them. You can even write them down or record yourself speaking. This will help you gain confidence and refine your message.

5. Use Transition Words

Transition words like "firstly," "secondly," "however," "in addition," and "finally" can help you connect your ideas smoothly. They make your speech or writing more organized and easier to follow.

6. Ask for Clarification If Needed

If you're unsure about something, don't hesitate to ask for clarification. You can say something like, "I'm not sure if I'm explaining this clearly. Can I clarify something?" or "Does this make sense?"

7. Take Your Time

Don't rush. Take your time to think and express your ideas. Pausing for a moment to gather your thoughts is perfectly fine and often helps you communicate more effectively.

Example:

Let's say you want to talk about your favorite book. You could organize your thoughts like this:

1. Introduction: Mention the book's title and author.
2. Main Points:
   - What the book is about.
   - Why you like it.
   - How it made you feel.
3. Conclusion: Summarize your thoughts and maybe recommend it to others.

Feel free to share more about what you want to express, and I can give you more specific advice!

除此之外，DeepSeek还能根据我们的学习进度和实际需求，灵活调整教学内容，提供实时反馈和个性化辅导。它能够生成贴近生活的例句、模拟真实对话场景，并不断纠正你的语法错误，为你打造既全面又有针对性的英语学习体验。这使DeepSeek成为在线语言学习的理想伙伴，能助你在短时间内显著提高英语沟通能力。

只要我们愿意练习，可以不断与 DeepSeek 对话，就像随时与一位线上私教交流一样。它不仅能为你提供即时的表达建议，还能模拟出类似与私教微信聊天的互动体验，没有时间限制，让语言练习变得更加自然高效。

第 10 章

职场增效诀窍：职场人必知的 DeepSeek 提效法则

在职场中，我们常常面临一系列基础性的任务，例如编写邮件、分析表格数据、制作 PPT、整理会议纪要等。这些任务虽然难度不大，但需要耗费大量的时间和精力，且重复性强，容易让人感到疲惫和低效。借助 DeepSeek，我们能够轻松应对这些挑战。DeepSeek 不仅可以自动生成标准化的邮件，还能高效处理表格数据，并提供富有创意的 PPT 方案。通过这些智能化的办公支持，我们能够显著提升办公效率，从而腾出更多时间专注于更高层次的战略规划和决策，进一步推动团队整体竞争力的提升。本章将深入介绍如何在以下五大场景中使用 DeepSeek 来为办公增效。

10.1 邮件焦虑终结者：DeepSeek 智能撰写专业邮件

每天一到办公室，打开电脑后的首要任务往往就是查收电子邮件，这已成为众多职场人士的日常习惯，尤其是在大型企业中，邮件更是主要的沟通工具。因此，邮件撰写成为每个职场人必备的技能。对那些刚入职、文字表达能力稍弱的新手来说，熟练掌握邮件撰写可能需要一些时间。此外，除了邮件，报告、说明书、发言稿以及其他办公文档的撰写也可能消耗大量精力和时间。

在这些"内容创作"任务中，DeepSeek 表现尤为出色。它能够迅速生成所需文本，并对现有内容进行整理、校验和优化。你可以利用 DeepSeek 生成初稿，然后对关键信息进行人工调整；即使你自己完成了初稿，也可以借助 DeepSeek 对文本进行润色和提升，使文本更符合商务标准，从而大大提高办公效率。以下是具体的使用实例。

提示词：

你是一位资深的商务文案专家，精通职场沟通。请你帮我撰写一封专业的英文邮件模板，内容是申请职级晋升。邮件中请空出我需要填写的具体细节。假设我是公司的一名初级程序员，已工作两年，希望领导批准我的职级晋升申请。

DeepSeek 回复：

Subject: Application for Promotion to [Target Job Title]

Dear [Supervisor's Name],

I hope this message finds you well. I am writing to formally submit my application for a promotion to the position of [Target Job Title] within our department. With two years of dedicated service as a Junior Programmer, I believe I have demonstrated the necessary skills, experience, and commitment to take on greater responsibilities.

During my tenure at [Company Name], I have consistently strived to exceed expectations and contribute positively to our team's success. Here are some of the key achievements and experiences that I believe qualify me for this promotion:

[Describe a significant project or task you have completed, highlighting your role and the positive impact it had on the team or company.]

[Mention any awards or recognitions you have received, or any successful initiatives you have led.]

[Discuss your professional development, including any additional certifications, courses, or training you have completed that are relevant to the position you are applying for.]

In addition to these accomplishments, I have also been actively involved in [mention any team or company-wide activities, such as mentorship programs, cross-departmental projects, or volunteering], which have further developed my leadership and interpersonal skills.

I am particularly drawn to the [Target Job Title] position because [explain why you are interested in this position and how it aligns with your career goals]. I am confident that my background in [mention relevant skills or experiences] and my passion for [mention any specific interests related to the role] make me a strong candidate for this role.

I understand that this promotion comes with increased responsibilities and I am eager to take on the challenge. I am committed to continuing my professional growth and contributing to [Company Name]'s success in this new capacity.

I have attached my updated resume and a list of references for your review. I would appreciate the opportunity to discuss my application further and address any questions you may have. Please let me know if there is a convenient time for us to meet.

Thank you for considering my application. I look forward to the possibility of contributing to [Company Name] in a more significant role.

Warm regards.

[Your Full Name]

[Your Job Title]

[Your Department]

[Your Contact Information]
[Company Name]
[Date]

确保在发送邮件之前，仔细检查所有填写的信息，并根据实际情况调整邮件内容。

利用 DeepSeek，你不仅能得到一份结构清晰、措辞专业的邮件模板，还能根据个人情况灵活调整内容，这不仅大大节省了时间，而且有助于提升你的职业形象和沟通效率。

10.2　表格处理革命：DeepSeek 极速处理 Excel 表格

工作中经常需要处理各类表格。虽然你擅长执行基础的表格操作，但复杂的计算公式可能会让你头疼。而 DeepSeek 处理这些公式简直不在话下。我们只需用自然语言描述你的需求，它便能帮你写出合适的 Excel 公式；如果业务需求更为繁复，它还能生成相应的 VBA 脚本（VBA 是 Office 内置的编程语言，可用于实现各种个性化定制功能）。

我们先从一个简单的例子开始——对员工工资表中的数据求和。这是大多数 Excel 用户都非常熟悉的情景，员工工资表如图 10-1 所示。

序号	工号	姓名	实际发放工资
1	2001	刘一	9500
2	2002	陈二	16000
3	2003	张三	21000
4	2004	李四	6500
5	2005	王五	9000
6	2006	赵六	10500
7	2007	孙七	12000
8	2008	周八	15000
9	2009	吴九	9800
10	2010	郑十	13000

图 10-1　员工工资表

假设我们不熟悉如何使用求和公式，可以直接向 DeepSeek 咨询。

提示词：

我希望对 Excel 表格中 D2 至 D11 单元格内的数据进行求和，请帮我编写相应的 Excel 公式来解决这个问题。

DeepSeek 回复：

在 Excel 中，如果你想对 D2 至 D11 单元格内的数据进行求和，你可以使用 SUM 函数。以下是相应的 Excel 公式：

=SUM(D2:D11)

这个公式会计算 D2 到 D11 单元格范围内所有数值的总和。只需将这个公式输入你希望显示结果的单元格中即可。

将 DeepSeek 给的公式应用到 Excel 中，如图 10-2 所示。

	A	B	C	D
1	序号	工号	姓名	实际发放工资
2	1	2001	刘一	9500
3	2	2002	陈二	16000
4	3	2003	张三	21000
5	4	2004	李四	6500
6	5	2005	王五	9000
7	6	2006	赵六	10500
8	7	2007	孙七	12000
9	8	2008	周八	15000
10	9	2009	吴九	9800
11	10	2010	郑十	13000
12				=SUM(D2:D11)

图 10-2　将 DeepSeek 给的公式应用到 Excel 中

按 Enter 键即可得到结果，如图 10-3 所示。

	A	B	C	D
1	序号	工号	姓名	实际发放工资
2	1	2001	刘一	9500
3	2	2002	陈二	16000
4	3	2003	张三	21000
5	4	2004	李四	6500
6	5	2005	王五	9000
7	6	2006	赵六	10500
8	7	2007	孙七	12000
9	8	2008	周八	15000
10	9	2009	吴九	9800
11	10	2010	郑十	13000
12				122300

图 10-3　SUM 函数计算结果

通过向 DeepSeek 提问，我们能快速获取正确的 Excel 公式，此外还可以要求 DeepSeek 解释公式的用法，以便我们逐步掌握 Excel 技巧。下面，我们给 DeepSeek 增加一点难度。

提示词：

统计 D 列中工资不低于 9500 的员工人数，写出 Excel 公式。

DeepSeek 回复：

在 Excel 中，如果你想统计 D 列中工资不低于 9500 的员工人数，可以使用 COUNTIF 函数。以下是相应的 Excel 公式：

=COUNTIF(D2:D11, ">=9500")

这个公式会计算 D2 到 D11 单元格范围内所有大于或等于 9500 的数值的数量。只需将这个公式输入你希望显示结果的单元格中即可。

把公式应用到 Excel 中，如图 10-4 所示。

图 10-4 把公式应用到 Excel 中

按 Enter 键即可得到结果，如图 10-5 所示。

图 10-5 COUNTIF 函数计算结果

DeepSeek 还能帮助我们自动调整公式、处理数据错误，并生成更复杂的数据汇总报表，极大地提升办公效率。无论是对刚入门的新手，还是对需要处理海量数据的资深用户而言，DeepSeek 都能成为表格处理上的得力助手。

最后，我们来体验用 DeepSeek 生成 VBA 代码。

如果读者不知道 VBA 是什么，可以让 DeepSeek 解释一下，DeepSeek 对 VBA 的解释如图 10-6 所示。

图 10-6　DeepSeek 对 VBA 的解释

提示词：

请提供一个利用 VBA 脚本操作 Excel 表格的入门示例，要求代码简洁高效，并附上详细的操作步骤说明。

DeepSeek 回复：

下面是一个使用 VBA 在 Excel 中进行简单操作的入门示例。我们将编写一个宏，该宏会在当前活动工作表中添加一个新列，并在该列中填充一些数据。

示例代码

```
Sub AddColumnWithData()
    Dim ws As Worksheet
    Set ws = ActiveSheet    ' 获取当前活动的工作表
```

```
    ' 在最后一列的右侧添加一个新列
        ws.Columns(ws.Columns.Count).Insert Shift:=
xlToRight, CopyOrigin:=xlFormatFromLeftOrAbove
    ' 在新添加的列中填充数据
        Dim i As Integer
        For i = 1 To ws.Cells(ws.Rows.Count, "A").End(xlUp).Row
            ws.Cells(i, ws.Columns.Count).Value = "新数据" & i
        Next i
    End Sub
```

操作步骤说明

（1）打开 Excel：首先，确保你已经打开了 Excel，并且有一个工作表是活动的（即你正在处理的那个表）。

（2）启用"开发者"选项卡：如果你的 Excel 中没有显示"开发者"选项卡，你需要先启用它。可以通过以下步骤启用。

- 单击"文件"菜单，选择"选项"。
- 在"Excel 选项"窗口中，选择"自定义功能区"。
- 在右侧的"主选项卡"下，勾选"开发工具"复选框，然后单击"确定"。

（3）打开 VBA 编辑器：在"开发工具"选项卡中，单击"Visual Basic"按钮，打开 VBA 编辑器。

（4）插入一个新模块：在 VBA 编辑器中，右击"VBAProject（你的工作簿名称）"下的"Microsoft Excel 对象"，选择"插入"—"模块"。这将添加一个新的模块。

（5）编写代码：在新模块中，复制并粘贴上面提供的 VBA 代码。

（6）运行宏：保存 VBA 代码（可以通过"Ctrl + S"快捷键进行保存）。

（7）关闭 VBA 编辑器，回到 Excel。

（8）在"开发工具"选项卡中，单击"宏"按钮。

（9）在弹出的"宏"对话框中，选择"AddColumnWithData"，然后单击"运行"。

查看结果

运行宏后,你将看到当前活动工作表最后一列的右侧添加了一个新的列,并且该列中填充了从"新数据 1"到"新数据 N"的数据,其中 N 是工作表中已有数据的最后一行的行号。

这只是一个简单的示例,实际上,VBA 能够实现的功能远不止这些。借助 DeepSeek,只要你能用自然语言清晰描述业务逻辑,那么复杂的公式或者 VBA 代码都能迎刃而解。不过,需要特别注意的是:任何编程语言在未经充分测试的情况下都有可能出现逻辑错误。因此,在使用 DeepSeek 生成的 VBA 代码对表格进行操作前,请务必先备份原始数据,以防止因意外错误造成数据损失。

10.3 "智造"PPT:打造优秀演示大纲和内容

DeepSeek 不能直接生成 PPT 文件,但它能够生成 PPT 的大纲。我们可以利用 DeepSeek 来输出 PPT 的大纲内容,并将这些内容保存为 Markdown 格式的文本,后续将 Markdown 格式的文本作为数据源导入 PPT 生成工具,就能自动生成完整的 PPT 文件。

假设公司刚招聘了一批程序员,领导让我做一场培训,主题是"Python 入门第一课"。我可以通过 DeepSeek 来制作 PPT 大纲。

提示词:

请帮我制作一份关于"Python 入门第一课"的 PPT 大纲,遵循以下规则:

(1)包括封面页,封面上可附副标题;
(2)制作内容大纲页;
(3)总页数至少为 15 页;
(4)包括结尾页;
(5)请以 Markdown 格式输出。

DeepSeek 回复：

以下是一份关于"Python 入门第一课"的 PPT 大纲，采用 Markdown 格式编写。由于 Markdown 本身不支持描述封面页和结尾页的复杂样式，我只会给出封面页和结尾页上的文字。你可以将此 Markdown 格式的文本复制到任何支持 Markdown 格式的编辑器中查看效果。

```Shell
# Python 入门第一课

## 副标题：开启编程之旅

---

# 目录

1. Python 简介
2. Python 的安装
3. 开发环境的搭建
4. Python 基础语法
   - 变量和数据类型
   - 运算符
   - 控制结构
5. 函数和模块
6. 实战演练：编写你的第一个 Python 程序
7. Python 的应用领域
8. 学习资源和进阶路径
9. 常见问题解答
10. 结语

---

# Python 简介
   Python 是一种广泛使用的高级编程语言，以其清晰的语法和代码可读性而闻名。它支持多种编程范式，包括面向对象、命令式、函数式和过程式编程。
```

Python 的设计哲学强调代码的可读性和简洁的语法（尤其是使用空格缩进来区分代码块，而不是使用大括号或者关键字）。相比于其他语言，Python 让开发者能够用更少的代码表达想法。

Python 的安装

Python 可以从官方网站免费下载。我将介绍如何从 Python 官网下载并安装 Python，以及如何验证安装是否成功。

开发环境的搭建

我将介绍几种流行的 Python 开发环境，包括 IDLE、PyCharm 和 Visual Studio Code，并指导如何配置这些环境。

Python 基础语法

变量和数据类型

在 Python 中，变量是存储数据值的容器。我们将介绍 Python 中的基本数据类型，包括整数、浮点数、字符串、列表、元组和字典。

运算符

Python 提供了丰富的运算符，用于执行数学和逻辑运算。我将介绍算术运算符、比较运算符、逻辑运算符等。

控制结构

控制结构用于控制程序的执行流程。我将介绍条件语句（if-elif-else）和循环语句（for 和 while）。

函数和模块

函数是执行特定任务的代码块。模块是包含 Python 定义和声明的文件。我将介绍如何定义函数、调用函数以及如何使用模块。

实战演练：编写你的第一个 Python 程序

通过一个简单的示例，我将指导你编写并运行你的第一个 Python 程序。

Python 的应用领域

Python 在多个领域都有广泛的应用，包括 Web 开发、数据分析、人工智能、科学计算等。我将简要介绍 Python 在这些领域的应用。

学习资源和进阶路径

我将提供一些学习 Python 的资源，包括在线课程、书籍、社区和论坛，并给出从初学者到高级开发者的学习路径建议。

常见问题解答

我将解答一些初学者在学习 Python 过程中可能遇到的问题。

结语

Python 是一门强大且易于学习的编程语言。希望你能够通过本课程掌握 Python 的基础知识，对编程产生兴趣。祝你在编程之旅中取得成功！

DeepSeek 根据提示词中设置的规则提供了一份详细的 PPT 大纲。这不仅节省了我的时间，还确保了内容以专业的方式呈现，之后我可以将这些大纲内容快速导入 PPT 生成工具中，轻松制作出标准的 PPT。这种方法使内容生产的效率大幅提升，我可以减少重复劳动，只需专注于修改与优化内容，确保最终展示效果。

将 DeepSeek 生成的 Markdown 格式的文本输入 AiPPT 软件中，如图 10-7 所示。

图 10-7 将 DeepSeek 生成的 Markdown 格式的文本输入 AiPPT 软件中

单击"确定"按钮，挑选模板后，AiPPT 生成的 PPT 文件如图 10-8 所示。

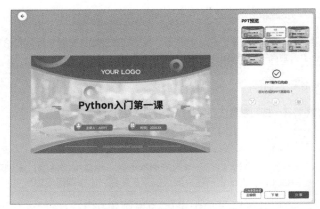

图 10-8　AiPPT 生成的 PPT 文件

DeepSeek 虽然无法直接生成 PPT 文件，但它可以为你输出内容的详细大纲。你可以将这些以 Markdown 格式呈现的内容导入支持 PPT 生成的工具中，从而迅速生成专业的 PPT 文档。

10.4　会议纪要秒整理：DeepSeek 精准提炼录音稿

DeepSeek 可以帮助我们高效生成会议纪要。我们只需输入会议讨论或讲话的内容，DeepSeek 便能基于这些信息生成一份简明扼要的摘要。

提示词：

我将发送一份公司高层领导讲话的录音稿文本，请你根据这份稿件提炼出主要观点，并生成一份简洁的摘要。请确认是否理解。

DeepSeek 回复：

理解，我会根据讲话录音稿件生成摘要。

提示词：

亲爱的团队成员：

今天非常高兴能在这里与大家会聚一堂，共同探讨一个对我们每个人工作成效至关重要的话题——如何提升工作效率。考虑到大家平日工作繁忙，各自肩负着不同项目，能抽出时间共聚一堂，我倍感荣幸和感激。

我们常听到"提升工作效率"这个说法，但它并非要求我们像机器那样日复一日地加班，而是要学会更聪明地工作。关键在于发现并集中精力解决那些关系到为客户和公司创造最大价值的核心问题。

你们可能会问，究竟如何实现这一目标？这是个非常值得我们共同探讨的问题。首先，我们必须明确自己正在做什么以及为何而做；只有目标清晰，才能找到最快捷的路径。其次，利用当下迅速发展的科技工具也至关重要。现代自动化和人工智能工具能够大幅简化工作流程，帮助我们高效分析数据和做出决策。此外，不断学习新技能也是适应变革的重要手段。

最后，一个支持高效工作的环境也不可或缺。我们需要一个安静、有序、能促使大家专注投入的工作氛围，以及一个互帮互助、共同成长的团队。只有在高效工作和健康生活之间取得平衡，我们才能发挥出最佳状态。

值得一提的是，我们的管理层已经开始推动一系列举措，比如引进新技术、组织培训和优化工作环境，但这都离不开大家的积极参与和宝贵的反馈意见。

因此，我诚挚地邀请大家一起思考、探索和实践，共同提升工作效率。我坚信，只要我们团结一致，就一定能达成目标，创造出更大的价值。

谢谢大家，让我们携手并进，共创美好未来！

> **DeepSeek 回复：**
>
> **摘要：**
>
> 提升效率并非增加工作时间，而是更聪明地工作，集中精力解决核心问题。实现目标的关键在于明确目标、利用科技工具、不断学习新技能，以及创造一个支持高效工作的环境。管理层正在推动引进新技术、组织培训和优化工作环境等举措，需要团队的积极参与和反馈。鼓励团队成员共同思考、探索和实践，以提升工作效率，创造更大价值。
>
> 在这个例子中，DeepSeek 对领导讲话的核心要点进行了提炼和归纳。这种方法不仅能节省人工整理会议纪要的时间，还能确保信息的准确性和全面性，帮助我们迅速捕捉会议核心内容，便于后续决策与沟通。
>
> 有人可能会质疑，在实际会议中，DeepSeek 无法实时生成会议记录。这确实是一大挑战——毕竟会议内容通常需要通过录音转写或人工记录来捕捉。不过，正如俗话所说，办法总比困难多，只要我们愿意探索，总能找到适合的解决方案。

10.5 活动方案制造机：用 DeepSeek 启发你的创意

当领导灵机一动，突然提出一个想法，但尚未明确如何实施时，往往会召集大家进行头脑风暴。理论上，大家应该激烈讨论，最终找到一个完美的落地方案；但现实中常常出现的情况是，大家面对这个想法沉默寡言，仿佛大脑空白一般。

好消息是，对于这种需要创意思维的任务，DeepSeek 表现得尤为出色。

> **提示词：**
>
> 请为我策划一场以"程序员节"为主题的活动。活动参与人数约为 50 人，预算控制在 3000 元以内，活动地点安排在公司内。请拟

订一份富有创意且实用的活动方案。

DeepSeek 回复:

活动主题
"码"上狂欢,共庆"1024"程序员节

活动目标
增进程序员之间的交流与提升团队凝聚力。

提升程序员的职业认同感和归属感。

通过趣味活动和互动游戏环节,缓解工作压力。

活动时间
2025 年 10 月 24 日(周五)14:00～17:00。

活动地点
公司会议室及公共区域。

活动流程
1. 开场致辞(14:00～14:10)

主持人介绍活动背景和目的。

领导致辞,感谢程序员的辛勤付出。

2. 技术分享会(14:10～15:00)

邀请公司内部技术专家分享前沿技术或个人成长故事。

分享主题:如"AI 技术在项目中的应用"或"从初级到高级程序员的成长之路"。

3. 编程挑战赛(15:00～16:00)

组织一场小型编程竞赛,设置简单有趣的编程任务。

参赛者分组完成任务,评选出最佳团队。

奖品:定制的程序员节纪念徽章或技术图书。

4. 互动游戏环节(16:00～16:40)

套圈游戏:准备一些小礼品,如零食、鼠标垫等,让程序员们套取。

趣味问答:关于编程知识或程序员文化的趣味问题,答对有奖。

"码"上脱单:为单身程序员设置一个简单的社交环节,如"十分钟交友"。

5. 茶歇与交流（16:40～17:00）

提供茶点、水果和饮料，让程序员们自由交流。

播放与程序员节相关的短片，如程序员的工作日常。

活动预算

场地布置：500元（装饰、横幅等）。

奖品与礼品：1000元（编程挑战赛和互动游戏环节的奖品等）。

茶歇：800元（茶点、水果、饮料）。

其他费用：700元（打印材料、小道具等）。

注意事项

提前一周通知所有程序员，确保活动当天的参与度。

活动过程中注意安全，确保活动顺利进行。

活动结束后收集反馈，为下次活动提供参考。

DeepSeek给出的方案结合了技术分享、趣味竞赛和社交互动，旨在通过多样化的活动形式，让程序员们在轻松愉快的氛围中度过属于自己的节日。让DeepSeek生成活动方案，不仅能够有效激发团队的创意灵感，还能借助DeepSeek的智能分析，快速筛选出多种可行方案，为活动的顺利举办提供有力支持。

第 11 章

编程增效术：DeepSeek 助力高效编程

随着人工智能技术迅猛发展，特别是 DeepSeek 横空出世后，程序开发领域迅速分化出两种截然不同的观点：一种观点是 AI 可能会全面替代人类编程，甚至有人预言程序员将被淘汰；而另一种观点则是，AI 仅能应对一些相对独立的小任务，对于大型、复杂项目开发，其作用仍然有限。

许多务实的程序员常说"Talk is cheap, show me the code"（空谈是廉价的，给我看看代码），意在强调编程实践的重要性。因此，我借助 DeepSeek 进行了一系列编程实验，发现它就像一位知识储备丰富、动手能力极强但偶尔显得有些固执的助手。它能展现出怎样的潜力，很大程度上取决于你如何引导和使用它。本章将介绍使用 DeepSeek 来增效编程的 4 大场景。

11.1 代码生成：快速输出完整函数

DeepSeek 能根据程序员提供的简要描述，自动生成相应的代码片段，极大提升开发效率。例如，当你描述某个功能需求时，它能够输出完整、格式良好的函数代码，还附带必要的注释，方便后续维护，具体操作如下。

提示词：

请帮我生成一个 Python 函数，该函数接收两个数字，将其作为输入，并返回它们的和。给出案例。

DeepSeek 回复：

以下是一个 Python 函数，该函数接收两个数字，将其作为输入，并返回它们的和。同时，我会提供一些使用示例供参考。

Python 函数代码

```python
def add_numbers(num1, num2):
    """
    函数功能：接收两个数字作为输入，并返回它们的和。
    参数：
    - num1：第一个数字
    - num2：第二个数字
    返回值：两个数字的和
    """
    return num1 + num2
```

使用示例

```python
# 示例 1：整数相加
result1 = add_numbers(5, 7)
print("5 + 7 =", result1)    # 输出：5 + 7 = 12

# 示例 2：浮点数相加
result2 = add_numbers(3.5, 2.5)
print("3.5 + 2.5 =", result2)    # 输出：3.5 + 2.5 = 6.0

# 示例 3：负数与正数相加
result3 = add_numbers(-10, 3)
print("-10 + 3 =", result3)    # 输出：-10 + 3 = -7
```

11.2 代码优化：从 bug 定位到代码重构的全自动方案

DeepSeek 可以帮助你检查代码是否存在冗余或不合理的部分，

并给出优化建议。这有助于提高代码质量和执行效率，具体操作如下。

提示词：

请检查以下 Java 代码，指出其中的低效或错误之处。

```java
public class SumCalculator {
    public static void main(String[] args) {
        int[] numbers = {1, 2, 3, 4, 5};
        int sum;
        for (int i = 0; i <= numbers.length; i++) {
            sum += numbers[i];
        }
        System.out.println("Sum is: " + sum);
    }
}
```

DeepSeek 回复：

这段代码存在以下问题。

变量未初始化：变量 sum 在使用前未被初始化。

数组越界：循环条件使用 i <= numbers.length 会导致当 i 等于 numbers.length 时尝试访问不存在的数组元素，从而引发 ArrayIndexOutOfBoundsException。

提示词：

给出修正后的代码。

DeepSeek 回复：

```java
public class SumCalculator {
    public static void main(String[] args) {
        int[] numbers = {1, 2, 3, 4, 5};
        int sum = 0;   // 初始化 sum 为 0
        // 修改循环条件，防止数组越界
        for (int i = 0; i < numbers.length; i++) {
            sum += numbers[i];
```

```
        }
        System.out.println("Sum is: " + sum);
    }
}
```

11.3 多语言代码转换：轻松实现跨平台应用

DeepSeek 支持多语言代码转换，无论是将 Python 代码转换成 JavaScript 代码，还是将 Java 代码转换为 C# 代码，DeepSeek 都能提供高质量的结果，帮助开发者实现跨平台应用和技术迁移。具体操作如下。

提示词：

请将以下 Python 代码转换成 JavaScript 代码，确保逻辑功能保持一致。

```
def bubble_sort(arr):
    n = len(arr)
    # 遍历所有数组元素
    for i in range(n):
        # 每次遍历都会将未排序部分最大的元素 " 冒泡 " 到末尾
        for j in range(0, n - i - 1):
            if arr[j] > arr[j + 1]:
                # 交换位置
                arr[j], arr[j + 1] = arr[j + 1], arr[j]
    return arr

if name == "__main__":
    sample_list = [64, 34, 25, 12, 22, 11, 90]
    print("排序前:", sample_list)
    sorted_list = bubble_sort(sample_list)
    print("排序后:", sorted_list)
```

DeepSeek 回复：

以下是将 Python 代码转换为 JavaScript 代码的实现，逻辑功能保持一致。

```
Python
function bubbleSort(arr) {
    const n = arr.length;
    for (let i = 0; i < n - 1; i++) {
        // 外层循环控制遍历次数
        for (let j = 0; j < n - i - 1; j++) {
            // 内层循环进行相邻元素比较
            if (arr[j] > arr[j + 1]) {
                // 如果前一个元素大于后一个元素,则交换位置
                let temp = arr[j];
                arr[j] = arr[j + 1];
                arr[j + 1] = temp;
            }
        }
    }
    return arr; // 返回排序后的数组
}
const sample_list=[64,34,25,12,22,11,90];
console.log("排序前:",sample_list);
const sorted_list=bubblesort(sample_list);
console.log("排序后:",sorted_list);
```

示例输出

假设在 Node.js 环境中运行,输出结果如下。

排序前: [64, 34, 25, 12, 22, 11, 90]

排序后: [11, 12, 22, 25, 34, 64, 90]

代码说明

函数定义: bubbleSort 函数接收一个数组 arr,将其作为输入,返回排序后的数组。

双层循环: 外层循环控制遍历次数,内层循环负责相邻元素的比较和交换。

交换逻辑: 使用临时变量 temp 来交换两个元素的位置。

测试代码: 通过 console.log 输出排序前后的数组,验证函数的正确性。

此代码与 Python 版本的冒泡排序代码逻辑完全一致，适用于 JavaScript 环境。可以将 DeepSeek 生成的代码发送给 DeepSeek 进行二次确认。

11.4 项目全栈开发：DeepSeek 从 0 到 1 驱动项目实战

DeepSeek 在项目开发阶段同样能够提供强大支持。它不仅可以生成项目的初步框架，还能协助设计整体架构、制订详细开发计划以及整合第三方库和工具。通过智能分析业务需求，DeepSeek 能够为团队提供项目分解、模块划分及自动化测试用例方面的建议，让复杂的项目开发流程更加清晰、可控，并显著提高团队效率。

在本节的案例中，DeepSeek 能够根据自然语言描述为你生成从项目初步规划、架构设计到详细开发计划，并提供模块分解及自动化测试等全方位支持，让复杂项目开发流程变得更加清晰、高效和可控。

11.4.1 DeepSeek 一键生成项目框架

基于 DeepSeek 的性能特点与成本优势，我们让 DeepSeek 为项目生成初步的框架，涵盖核心模块、技术选型及开发逻辑，用以构建项目框架。下面是具体的操作方法。

🙍 提示词：

请帮我生成项目的初步框架。项目目标是开发一个 DeepSeek 对话系统，主要特性如下。
- 用户输入。
- AI 回复。
- 支持多轮对话。
- 对话界面简洁。

请提供项目模块划分、基本数据流以及简要说明。

DeepSeek 回复：

1. 项目模块划分

1.1 前端模块

用户界面（UI）：

负责展示聊天窗口、用户输入框和发送按钮。

提供简洁、友好的交互体验。

状态管理：

使用 Pinia 管理对话记录和用户状态。

存储对话记录，支持多轮对话。

1.2 后端模块

API 接口：

提供 RESTful API，接收前端发送的用户消息。

调用 DeepSeek API，获取 AI 回复。

对话管理：

维护对话上下文，支持多轮对话。

存储对话记录到数据库。

数据库：

存储用户信息、对话记录和上下文信息。

1.3 DeepSeek API 模块

消息处理：

接收用户消息，返回 AI 生成的回复。

上下文管理：

根据对话记录生成更连贯的回复。

2. 基本数据流

2.1 用户输入

用户在前端界面输入消息并点击发送。

前端通过 Axios 将用户消息发送到后端 API。

2.2 后端处理

后端API接收用户消息,将其封装为请求数据。

调用DeepSeek API,将用户消息和上下文信息发送到DeepSeek。

DeepSeek API返回AI生成的回复。

后端将AI回复存储到数据库,并返回给前端。

2.3 前端展示

前端接收到AI回复后,将其展示在聊天窗口中。

对话记录支持多轮对话,用户可以随时查看历史消息。

3. 简要说明

3.1 技术选型

前端:Vue3 + Pinia + Axios。

后端:Django + Django REST Framework。

数据库:PostgreSQL。

AI服务:DeepSeek API。

3.2 功能特点

用户输入:支持实时输入和发送消息。

AI回复:基于DeepSeek的强大语言模型,生成智能、连贯的回复。

多轮对话:通过上下文管理,支持多轮对话。

对话界面:简洁、友好,支持历史消息查看。

通过以上框架,可以快速搭建一个DeepSeek对话系统,实现用户输入、AI回复和多轮对话等功能。

11.4.2 DeepSeek助力架构设计

在初步框架的基础上,规划前端、后端及数据库的整体架构。具体的操作方法如下。

提示词:

请协助我设计一个完整的系统架构方案,包含前端、后端和数据库设计。请详细描述各模块之间的关系，并推荐合适的技术选型和设计模式。

DeepSeek 回复：

1. 系统架构设计

1.1　系统模块划分

前端模块

用户界面（UI）：提供简洁的聊天界面，支持用户输入和显示 AI 回复。

状态管理：使用 Pinia 管理对话记录和用户状态。

通信模块：通过 Axios 与后端 API 进行数据交互。

后端模块

API：接收前端请求，调用 DeepSeek API 获取 AI 回复。

对话管理：维护对话上下文，支持多轮对话。

数据库管理：存储用户信息和对话记录。

数据库模块

用户信息表：存储用户注册信息。

对话记录表：存储每次对话的内容和时间戳。

会话表：记录用户与 AI 的会话状态。

AI 模块

DeepSeek API：提供 AI 对话能力，处理自然语言理解和生成。

1.2　数据流

用户输入：

用户在前端界面输入消息。

前端通过 Axios 将消息发送到后端 API。

后端处理：

后端接收用户消息，调用 DeepSeek API。

DeepSeek API 返回 AI 回复。

后端将回复返回给前端，并存储对话记录到数据库。

前端展示：

前端接收AI回复并展示在聊天界面。

支持多轮对话，用户可以随时查看历史消息。

2. 技术选型

2.1　前端技术选型

框架：Vue3，实现响应式数据绑定和组件化开发。

状态管理：Pinia，替代Vuex，提供更简洁的API。

UI组件库：Element Plus，提供丰富的组件和样式。

通信库：Axios，用于与后端API进行数据交互。

2.2　后端技术选型

框架：Django，提供ORM（Object-Relational Mapping，对象关系映射）、路由管理和模板引擎。

API框架：Django REST Framework (DRF)，用于构建RESTful API。

通信协议：HTTP/HTTPS，通过Axios与前端交互。

AI服务：DeepSeek API，用于自然语言理解和生成。

2.3　数据库选型

关系型数据库：PostgreSQL，用于存储用户信息和对话记录。

NoSQL数据库：可选，如DynamoDB，用于存储大规模对话记录。

3. 模块关系与设计模式

3.1　模块关系

前端与后端：

前端通过Axios向后端发送请求，并接收后端返回的AI回复。

后端作为中间层，处理前端请求并调用DeepSeek API。

后端与数据库：

后端将用户信息和对话记录存储到数据库。

数据库提供持久化存储支持。

后端与AI模块：

后端调用DeepSeek API，将用户消息传递给AI模块。

AI模块返回生成的回复，后端将其返回给前端。

3.2　设计模式

前后端分离：采用前后端分离架构，便于扩展和维护。

MVC模式：后端采用MVC（Model-View-Controller，模型-视图-控制器）模式，将数据模型、视图和控制器分离。

状态管理：前端使用Pinia进行状态管理，支持多轮对话。

微服务架构：后端可采用微服务架构，将对话管理、用户管理和AI调用拆分为独立服务。

4. 数据库设计

4.1　数据库表结构

用户信息表（Users）：

- user_id（用户ID，主键）
- username（用户名）
- email（电子邮箱）
- password_hash（密码哈希）

对话记录表（Messages）：

- message_id（消息ID，主键）
- user_id（外键）
- content（消息内容）
- role（角色，用户或AI）
- timestamp（时间戳）

会话表（Sessions）：

- session_id（会话ID主键）
- user_id（外键）
- start_time（会话开始时间）
- end_time（会话结束时间，可选）

4.2　数据库操作

插入消息：

将用户消息和 AI 回复分别插入 Messages 表。

查询对话历史：

根据 user_id 和 session_id 查询 Messages 表，获取对话历史。

会话管理：

在 Sessions 表中记录每次会话的开始和结束时间。

5. 部署与扩展

5.1 部署方案

容器化：使用 Docker 和 Docker Compose 进行容器化部署。

反向代理：使用 Nginx 处理静态文件请求和负载均衡。

WSGI 服务器：使用 Gunicorn 部署 Django 应用。

5.2 扩展性

分布式架构：将后端服务拆分为多个独立服务，通过消息队列进行通信。

微服务架构：将对话管理、用户管理和 AI 调用拆分为独立微服务。

数据库扩展：使用 PostgreSQL 的集群功能或 DynamoDB 的自动扩展。

通过以上架构设计，我们可以快速搭建一个基于 DeepSeek 的对话系统。该系统支持用户输入、AI 回复和多轮对话，同时具备良好的扩展性和可维护性。

11.4.3 DeepSeek 帮助制订详细开发计划

DeepSeek 能够将项目划分为若干阶段，并为每个阶段安排具体的任务和时间节点，具体的操作方法如下。

> 提示词：

请根据上述项目需求和项目架构，为整个项目制订一份详细的开发计划。计划应包括主要里程碑、关键任务、时间安排以及每个阶段的目标描述。

DeepSeek 回复：

项目开发计划：DeepSeek 对话系统

1. 项目概述

项目名称：DeepSeek 对话系统开发

项目目标：开发一个简洁、高效的对话系统，支持用户输入、AI智能回复、多轮对话，并提供简洁的对话界面。

项目背景：随着 AI 技术的发展，对话系统在多个领域具有广泛应用。本项目旨在利用 DeepSeek 技术，开发一个高效、易用的对话系统。

2. 项目里程碑

阶段	里程碑	目标	时间
第一阶段	需求分析与设计	完成需求文档和系统设计	第 1 周
第二阶段	前端开发	完成前端界面开发	第 2～3 周
第三阶段	后端开发	完成后端接口开发	第 3～4 周
第四阶段	集成测试	完成前后端集成测试	第 5 周
第五阶段	上线部署	系统上线并进行用户测试	第 6 周

3. 关键任务与时间安排

任务	描述	负责人	开始时间	结束时间
需求分析	收集用户需求，编写需求文档	产品经理	第 1 周	第 1 周
系统设计	设计系统架构，进行模块划分	架构师	第 1 周	第 1 周
前端开发	开发用户界面，实现用户输入和显示功能	前端工程师	第 2 周	第 3 周
后端开发	开发 API 接口，调用 DeepSeek 服务	后端工程师	第 3 周	第 4 周
数据库设计	设计用户信息和对话记录数据库	数据库工程师	第 1 周	第 2 周

续表

任务	描述	负责人	开始时间	结束时间
集成测试	测试前后端集成，修复问题	测试工程师	第5周	第5周
上线部署	部署系统，进行用户测试	运维工程师	第6周	第6周

4. 风险评估与应对

风险	描述	应对策略
技术风险	DeepSeek API 调用不稳定	进行多轮测试，准备备用方案
时间风险	项目延期	定期检查进度，及时调整资源
资源风险	人员不足	提前招聘或外包部分任务

5. 资源分配

人力：产品经理1名、架构师1名、前端工程师2名、后端工程师2名、数据库工程师1名、测试工程师2名、运维工程师1名。

技术资源：开发工具（如VSCode、IntelliJ IDEA）、测试工具（如Postman、JIRA）。

预算：预计总预算30万元，主要是人力成本和服务器租赁费用。

6. 沟通与报告机制

沟通方式：每日站会、每周进度报告、每月项目总结。

报告内容：进度、问题、风险、解决方案。

7. 项目目标与交付标准

目标：开发一个简洁、高效的对话系统，支持多轮对话。

交付标准：系统上线，用户满意度达到80%以上。

8. 项目验收与评估

验收标准：功能完整、界面简洁、无重大缺陷。

评估方式：用户测试反馈、项目团队内部评估。

本开发计划详细列出了DeepSeek对话系统项目的各个阶段、

关键任务、时间安排和资源分配，通过明确的里程碑和风险管理策略，确保项目按时、按预算要求完成。

11.4.4 项目分解与模块划分：DeepSeek 促进高内聚低耦合的工程化实践

可以要求 DeepSeek 深入分析项目需求，将项目拆分为独立的功能模块，并明确每个模块的职责，具体操作方法如下。

提示词：

请根据项目整体需求，将项目拆分为多个模块。请列出每个模块的功能描述、主要接口及相互间的依赖关系。

DeepSeek 回复：

1. 模块划分

1.1 前端模块

用户界面模块

功能描述：提供简洁的聊天界面，支持用户输入、显示 AI 回复，并允许用户与系统进行交互。

主要接口：

renderChatWindow()：渲染聊天窗口。

handleUserInput(input)：处理用户输入并发送到后端。

displayResponse(response)：显示 AI 回复。

依赖关系：与后端 API 模块交互，调用后端接口获取 AI 回复。

状态管理模块

功能描述：管理对话记录、用户状态等前端状态，支持多轮对话。

主要接口：

saveMessage(message)：保存用户或 AI 的消息。

getChatHistory()：获取对话记录。

依赖关系：与用户界面模块交互，提供对话记录支持。

1.2 后端模块

API 模块

功能描述：接收前端请求，调用 DeepSeek API 获取 AI 回复，并返回结果。

主要接口：

POST /api/chat：接收用户消息，返回 AI 回复。

依赖关系：调用 DeepSeek API 模块，与数据库模块交互。

对话管理模块

功能描述：维护对话上下文，支持多轮对话，存储对话历史记录。

主要接口：

processMessage(message)：处理用户消息，更新对话上下文。

getReply(message)：生成 AI 回复。

依赖关系：与 API 模块交互，依赖数据库模块存储对话记录。

数据库管理模块

功能描述：存储用户信息、对话记录和上下文信息。

主要接口：

saveMessage(message)：保存消息到数据库。

getMessages(sessionId)：根据会话 ID 获取对话记录。

依赖关系：被对话管理模块和 API 模块调用。

1.3 AI 模块

DeepSeek API 模块

功能描述：提供 AI 对话能力，进行自然语言理解和生成。

主要接口：

generateReply(message, context)：根据用户消息和上下文生成 AI 回复。

依赖关系：被后端 API 模块调用。

2. 模块间依赖关系

前端模块：

用户界面模块依赖状态管理模块获取对话记录。

状态管理模块依赖后端 API 模块保存和获取消息。

后端模块：

API 模块依赖对话管理模块处理用户消息。

对话管理模块依赖数据库模块存储和获取对话记录。

对话管理模块调用 DeepSeek API 模块获取 AI 回复。

AI 模块：

DeepSeek API 模块独立提供 AI 对话能力，被后端模块调用。

3. 设计原则

高内聚低耦合：每个模块功能独立，减少模块间直接依赖。

接口清晰：通过定义明确的接口隐藏模块实现细节。

可扩展性：模块设计支持未来功能扩展。

通过以上模块划分和设计，DeepSeek 对话系统能够实现用户输入、AI 回复和多轮对话功能，同时保持系统的可维护性和可扩展性。

11.4.5　DeepSeek 助力自动化测试用例生成

为确保系统质量，可要求 DeepSeek 为各模块生成覆盖关键功能的自动化测试用例，具体的操作方法如下。

提示词：

请为上述项目设计一套自动化测试用例方案，用例应覆盖主要功能模块和关键业务流程。请提供测试用例示例和执行步骤说明，以便后续测试自动化实现。

DeepSeek 回复：

1. 测试用例设计原则

基于需求设计：测试用例应紧密围绕用户输入、AI 回复和对话界面等核心功能设计。

覆盖关键场景：包括正常输入、异常输入、多轮对话等场景。
简洁直观：用例设计简洁，便于理解和维护。
可复用性：设计通用的测试用例模板，支持不同场景的复用。

2. 测试用例示例

2.1 用户输入功能测试

用例编号	测试场景	输入	预期结果
TC001	正常输入	输入有效文本（如"你好"）	系统接收输入并触发 AI 回复
TC002	空输入	输入为空	系统提示"输入不能为空"
TC003	特殊字符输入	输入特殊字符（如"@#$%^"）	系统正常处理并返回 AI 回复

2.2 AI 回复功能测试

用例编号	测试场景	输入	预期结果
TC004	常见问题回复	输入"今天天气如何？"	返回与天气相关的 AI 回复
TC005	多轮对话	连续输入多个相关问题	AI 能够根据上下文进行连贯回复
TC006	未知问题回复	输入"火星上有人吗？"	返回"我不知道"或类似回复

2.3 对话界面测试

用例编号	测试场景	操作	预期结果
TC007	界面加载	打开对话界面	界面正常加载，无错误
TC008	消息显示	发送消息	用户消息和 AI 回复正常显示
TC009	历史记录查看	点击历史记录按钮	能够查看之前的对话记录

3. 测试执行步骤说明

3.1 测试环境准备

工具选择：使用 Selenium 进行前端界面测试，使用 Postman 测试 API。

测试数据准备：根据测试用例准备测试数据，包括正常输入、异常输入等。

3.2 测试执行

前端测试：

使用 Selenium 模拟用户操作，验证用户输入、消息显示等功能。

检查对话界面的加载速度和响应时间。

后端测试：

使用 Postman 调用后端 API，验证 AI 回复的准确性和响应时间。

测试多轮对话功能，确保上下文管理正确。

集成测试：

测试前端与后端的交互，确保数据传输正确。

模拟用户输入，验证系统整体流程。

3.3 测试结果分析

分析测试结果，生成详细的测试报告。

对于发现的问题，记录详细信息并进行分类。

3.4 测试维护

根据测试结果和系统变更，定期更新测试用例。

优化测试脚本，提高测试效率。

4. CI/CD 集成

将自动化测试脚本集成到 CI/CD（持续集成／持续部署）流水线中，使用 Jenkins 等工具实现自动化执行。

每次代码提交后自动触发测试，确保新代码不会破坏现有功能。

5. 测试数据管理

使用外部数据源（如 CSV 文件）管理测试数据，便于维护和扩展。

确保测试数据的安全性和一致性。

以上测试用例方案和执行步骤，可以全面覆盖 DeepSeek 对话系统的主要功能模块和关键业务流程，确保系统的稳定性和可靠性。

第 12 章
DeepSeek 增效企业业务

在当今竞争激烈的商业环境中，企业亟需借助先进技术提升运营效率和服务质量。DeepSeek 作为一款领先的人工智能大模型，凭借其强大的数据处理和分析能力，正成为企业实现业务增效的重要工具。各行各业与 DeepSeek 深度融合，能够实现业务增效，推动智能化转型，提升整体竞争力。

12.1 将 DeepSeek 应用于智能客服

阿里巴巴旗下的飞猪平台已应用智能客服系统。在用户预订酒店时，智能客服能够迅速解答用户疑问，推荐合适的房型，并处理退款和投诉问题，使整个预订流程更加流畅。

智能客服利用 DeepSeek 来模拟人类行为，提供个性化服务。在企业中，智能客服可用于客户服务、日程管理和信息查询等方面。智能客服在各行各业的应用正逐步改变传统服务模式，提升效率和客户体验。

12.1.1 零售行业中的智能客服

在零售行业，智能客服助理能通过自动化和智能化的方式，快速识别客户需求并提供准确的答案。

某电商的智能客服"小京灵"通过自然语言处理技术，能够准确理解用户的查询和请求，提供即时的购物指导、订单查询、退换货等服务。"小京灵"还具备智能推荐功能，通过分析用户的购物历史和浏览记录，为用户推荐符合其兴趣和需求的商品，同时根据用户反馈不断优化推荐算法，提升推荐的准确性和个性化程度。这一功能显著提高了用户的购买转化率。

12.1.2 金融行业中的智能客服

金融企业利用智能客服系统能快速响应和解决客户疑惑，提高服务效率，降低企业运营成本。智能客服能够协助客户进行账户查询、交易和投资理财等，有助于提升客户满意度。

上海证券利用 DeepSeek 大模型开发了智能问答系统，通过高效的响应能力帮助客户快速获取信息，提升客户服务体验。该系统不仅能够快速解答客户关于账户查询、交易等的常规问题，还能根据客户需求提供个性化的投资理财建议。未来，上海证券可能计划进一步拓展其应用场景，如智能投顾和个性化资讯推送，以实现更优质的客户服务。

12.1.3 医疗行业中的智能客服

一些医疗咨询公司借助大模型提供的自然语言处理能力，成功推出了智能问诊助手。该助手能够实时回答用户的健康咨询，协助医生进行初步诊断，提升医疗服务效率。

例如，在用户输入症状后，助手可以快速提供可能的疾病诊断建议，并引导用户前往医院进一步检查。这种智能化的问诊方式不仅提高了医疗服务效率，还减轻了医生的工作负担。

12.1.4 教育行业中的智能客服

在教育领域，DeepSeek 作为一种集知识整合、互动学习支持和决策辅助于一体的智能应用，正逐渐成为提升学习效率、增强知识吸收与应用的关键工具。

Duolingo 通过 AI 技术为用户制订个性化的语言学习计划。根据用户的学习进度、表现和反馈，系统能够动态调整课程内容和难度，确保每个用户都能获得最适合自己的学习体验。这种个性化的学习方式显著提升了用户的学习效果和满意度，能帮助用户更高效地掌握新语言。

12.2　DeepSeek 应用于智能家居

香港某住宅项目采用了全屋智能家居系统，具体如下。
- 智能门锁：采用美国 Lockly Pin Genie 专利密码门锁，支持指纹、密码、卡片和手机 App 等多种开锁方式。
- 智能照明：全屋配备 HomeKit Siri 及 Google Home 声控智能灯光，用户可以通过语音或手机应用调节灯光。
- 智能窗帘：安装智能电动窗帘，可根据预设时间、光度或温度自动开关，提升居住舒适度。
- 家电控制：通过手机 App 远程操控家电开关，如空调、电视和音响等，方便用户管理家中设备。
- 环境监测：配备环境传感器，实时监测室内温度、湿度和亮度，确保居住环境的舒适性。

智能家居系统通过物联网技术，将家电设备连接起来，实现远程控制和自动化管理。企业可利用智能家居技术提升产品附加值。例如，DeepSeek 的大模型 Janus-Pro 可用于智能家居设备的语音识别和控制，提升用户交互体验。

12.2.1　智能照明与环境控制

智能照明系统允许用户通过手机 App 或语音助手调节家中灯光的亮度和色温，创造不同的氛围。例如，用户可以设置"观影模式"，让系统自动调暗灯光并关闭窗帘，提升观影体验。

杭州某住宅项目某个 140m^2 户型采用了雷特（LTECH）智能家居设备，通过超级面板和智能开关实现了全屋灯光的智能控制。用户可以通过语音助手或手机 App 调节灯光的亮度和色温，预设多种场景模式。此外，该系统还支持 OTA（over the air，空中激活）在线升级，确保设备功能的持续更新。

DeepSeek 可在这一系统中发挥关键作用，通过强大的指令理解和多任务处理能力，支持复杂指令，如"如果客厅有人且天已经黑了，则打开灯并调至 30% 亮度"，使设备响应更接近人类思维逻辑。此外，DeepSeek 可利用自身大数据的数据分析能力，整合环境光线和用户活动规律，自动调节灯光和窗帘，进一步提升用户的居住体验。

12.2.2 智能安防与监控

智能家居系统还包括安防和监控功能，如智能门锁、摄像头和传感器。用户可以通过手机实时查看家中情况，接收异常活动的警报，增强家庭安全性。

DeepSeek 能在智能家居安防与监控方面发挥重要作用。它可以通过强大的数据分析能力，实时处理监控视频、语音信息等多种数据形式，实现智能安防监控和应急响应。例如，利用其图像识别技术，精准识别进入社区的人员和车辆，对异常行为进行预警；当有陌生人长时间在某一区域徘徊时，自动向用户发送警报信息，大大提升了居住环境的安全性。

12.2.3 智能家电与娱乐

智能家居还涵盖家电和娱乐系统的智能化。用户可以通过语音或 App 控制家电的开关，甚至设置定时任务。例如，智能冰箱可以监测食物存量，提醒用户购买所需物品。

DeepSeek 在智能家电与娱乐领域潜在应用广泛。例如，它可以智能分析数据，为智能家电提供更好的交互体验。将 DeepSeek 部署在智能清洁设备中，有助于优化清洁路径规划，通过分析家庭环境实时数据，更精准地识别污渍和障碍物，从而提高清洁效率。

12.3　DeepSeek 应用于智能制造

在智能制造领域，AI 的应用正逐步改变传统制造模式，这些应用可以提升生产效率、优化产品质量，并推动产业升级。例如，西门子在其印刷电路板生产线中应用 AI 技术进行预测性维护。通过对设备运行数据的分析，AI 系统能够预测设备可能出现的故障，对这些设备提前进行维护，这可以减少 30% 的 X 射线测试次数，从而提高了生产线的产量。

DeepSeek 通过数据分析、机器学习和自动化控制，也能助力制造业实现智能化转型。

12.3.1　预测性维护

在智能制造领域，DeepSeek 可整合振动、温度等传感器数据，实现设备故障的早期预警。

此外，DeepSeek 的智能算法能对设备运行数据进行实时分析，提供精准的维护建议，从而进一步优化设备的维护策略，提升设备运行的可靠性和生产效率。

12.3.2　质量控制

DeepSeek 能够实时监测生产过程中的各项参数，自动识别产品缺陷，确保产品质量的一致性和稳定性。

某制造企业在其智能手机组装线中引入 DeepSeek 技术，利用强化学习模型能够协调 2000 多台机器人协同作业，实现毫秒级动态调度，解决多机器人路径冲突问题。通过 AI 算法，系统能够实时监测生产过程中的各项参数，自动识别产品缺陷，确保产品质量的一致性和稳定性。应用后，手机主板贴片环节的节拍时间显著缩短，产能和产品竞争力大幅提升。

12.3.3 供应链优化

DeepSeek 可以分析市场需求、库存水平和生产能力，优化供应链管理，降低库存成本，缩短交货周期。通过智能化的需求预测和生产调度，制造企业能够更灵活地应对市场变化。

制造企业可以借助 DeepSeek 搭建供应链智能管理平台，通过分析市场需求、供应商交货周期和生产进度等数据，优化采购计划和库存策略。该平台能够实时预测物料短缺风险，并提供替代方案推荐，从而降低库存成本，提高供应链的灵活性和韧性。应用后，库存周转率将有所提高。

12.3.4 智能生产调度

DeepSeek 能够根据生产计划、设备状态和人员安排，自动生成最优的生产调度方案，提高生产线的利用率和生产效率。

例如，生产工程机械的企业通过 DeepSeek 的排产系统，实时整合订单变化、设备状态和物料库存，自动生成最优生产计划。该系统采用混合整数规划（MIP）处理复杂约束，并通过强化学习应对突发插单扰动。这种方案被应用后，订单交付准时率会大幅提升，生产效率也会显著提高。

12.4 智能运输

人工智能技术在智能运输领域的应用正逐步改变传统运输模式，这些应用可以提升运输效率、优化路线规划，并改善用户体验。DeepSeek 的数据处理能力使其在多个方面助力智能运输的优化，未来有望为交通行业带来更多创新和变革。

12.4.1 智能交通管理与优化

AI 能够实时分析交通流量、天气状况和道路信息，辅助交通管理部门进行精准调度。

北京市中关村核心区域的某繁忙路口引入了基于 AI 的信号灯控制系统。通过高清摄像头和地磁传感器实时采集交通流量数据，AI 算法动态调整信号灯时长，根据车流量变化优化绿灯时间。实施后，该路口早晚高峰期间的车辆平均等待时间缩短了约 35%，通行能力显著提升。

12.4.2　自动驾驶与无人配送

AI 驱动的自动驾驶技术正在改变运输方式。

中通快递在武汉试运营了无人快递车，将其用于社区网点的包裹运输。无人配送车的应用使运输成本降低了 50%，节省了快递员的时间和精力，使快递员能更好地完成上门收派件工作。

12.4.3　智能物流与供应链管理

AI 在物流领域的应用包括需求预测、运输路线优化、自动化仓储、智能客服系统和货物追踪等。

某物流企业利用大数据技术打造了智能物流平台，通过实时采集车辆位置、货物信息和交通状况等数据，优化物流调度和配送。系统采用遗传算法为配送车辆规划最优路线，并结合机器学习预测交通拥堵情况。应用后，配送成本降低了 15%，准时交付率从 80% 提升至 95%。

12.5　零售行为预测

在零售行业，准确预测消费者行为对于优化库存管理、制订个性化营销策略和提升客户体验至关重要。人工智能技术，特别是具备深度学习能力的 DeepSeek 已被广泛应用于零售行为预测，帮助企业更好地理解和预测消费者的购买模式，为零售商提供更深入的消费者洞察，帮助他们制订更精准的业务策略，提升运营效率和客户满意度。

12.5.1 销售预测与库存管理

DeepSeek 可以分析历史销售数据、季节性趋势和市场动态，预测未来的产品需求。

某跨境电商企业引入 DeepSeek 后，通过对历史销售数据、市场需求趋势和供应商产能的多维度分析，实现了精准的销售预测和库存管理。DeepSeek 帮助该企业制订合理的库存计划，显著提高了库存周转率，同时降低了库存成本和风险。

12.5.2 个性化营销策略

通过分析消费者的购买历史和行为数据，DeepSeek 能够识别客户偏好，帮助零售商制订个性化的营销策略。

某社交电商平台在引入 DeepSeek 后，通过分析消费者的购买历史和行为数据，实现了个性化的营销策略。DeepSeek 能够识别客户偏好，并根据用户的兴趣和行为动态调整推荐内容。应用 DeepSeek 后，平台的用户满意度提高了 30%，客服响应时间缩短了 50% 以上。

12.5.3 客户流失预测

DeepSeek 可以分析客户的购买频率、交易金额等数据，预测哪些客户可能流失。

某电商企业利用 DeepSeek 分析客户的购买频率、交易金额和行为数据，成功预测了潜在的流失客户。通过提前识别高风险客户并采取针对性的挽留措施，该企业的客户流失率显著降低，客户忠诚度得到了提升。

12.5.4 价格优化

DeepSeek 可以实时分析市场竞争状况、消费者需求和价格敏感度，帮助零售商制订动态定价策略。

某电商企业通过 DeepSeek 实时分析市场竞争状况、消费者需求和价格敏感度，制订了动态定价策略。DeepSeek 帮助企业在激烈的市场竞争中灵活调整价格，提升了产品竞争力，同时避免了价格战带来的利润损失。

12.5.5　退货预测

在时尚电商领域，DeepSeek 被用于预测产品退货率。通过分析消费者的购买行为和产品特性，AI 模型可以预测哪些产品可能被退货，帮助零售商优化产品设计和营销策略。

某企业利用 DeepSeek 分析消费者的购买行为和产品特性，预测可能被退货的产品。通过提前优化产品设计、调整营销策略和改进商品推荐系统，该企业显著降低了退货率，提升了运营效率。

12.6　优化医疗服务

在医疗领域，AI 技术的应用正逐步改变传统医疗服务的模式，提升诊断精度、优化治疗方案，并改善患者体验。DeepSeek 作为一款先进的人工智能模型，凭借其强大的分析推理能力，能够在多个方面助力医疗服务的优化，有望在未来为医疗行业带来更多创新和变革。

12.6.1　智能诊断与治疗方案推荐

DeepSeek 能够分析患者的病历、影像资料等，辅助医生进行精准诊断。

某医院的胸外科主任在接诊患者时，利用 DeepSeek 进行辅助诊断。DeepSeek 通过分析患者的病历和影像资料，给出的诊断结果与医生的判断非常接近，为医生提供了有力的决策支持。

12.6.2　医学影像分析

DeepSeek 大模型可用于医学影像分析，辅助医生进行疾病诊断。通过对 CT、MRI 等影像资料的深度学习，DeepSeek 能够自动识别病变区域，生成结构化报告，提升诊断效率和准确性。

Mayo Clinic 与微软合作开发了基于多模态大模型的医学影像分析工具。该工具利用 CT 和 MRI 影像数据，结合 DeepSeek 的深度学习能力，能够自动识别病变区域并生成结构化报告。例如，在胸部 X 光影像分析中，该工具能够快速评估气管和导管的放置情况，并检测与之前影像的差异，显著提升了诊断效率和准确性。

12.6.3 患者管理与健康监测

DeepSeek 可以整合患者的健康数据，进行趋势分析，预测疾病风险，并提供个性化的健康管理建议。

Mayo Clinic 与 Cerebras 合作开发了一种基因组学基础模型，结合人类参考基因组数据和患者的外显子数据，通过 DeepSeek 的分析能力，实时比较患者的基因信息，预测疾病风险并提供个性化治疗建议。例如，在类风湿性关节炎治疗中，该模型能够快速给出方案，缩短患者找到合适治疗方案的时间。